《21世纪理论物理及其交叉学科前沿丛书》编委会
（第二届）

主　　编：孙昌璞

执行主编：常　凯

编　　委：（按姓氏拼音排序）

蔡荣根　段文晖　方　忠　冯世平
李　定　李树深　梁作堂　刘玉鑫
卢建新　罗民兴　马余刚　任中洲
王　炜　王建国　王玉鹏　向　涛
谢心澄　邢志忠　许甫荣　尤　力
张伟平　郑　杭　朱少平　朱世琳
庄鹏飞　邹冰松

"十四五"时期国家重点出版物出版专项规划项目
21世纪理论物理及其交叉学科前沿丛书

软物质生物分子物理基础

赵蕴杰 著

科学出版社

北京

内 容 简 介

本书是面向高等学校理工科学生所编写的一本初识软物质生物分子的教材。本书所包含的基本物理概念、物理理论和物理方法是理解和分析软物质生物分子的重要内容，也是未来从事软物质生物分子物理相关工作所不可或缺的知识。本书是物理学专业知识的拓展与延伸，能够使学生在了解基本物理概念和理论的基础上，掌握相关的物理模型和分析工具，了解物理知识和方法在理论物理交叉学科前沿中的应用，提高学生对学科交叉融合的认知，为进一步深入研究软物质生物分子物理问题打下坚实的基础。

本书主要是针对高年级本科生和研究生编写的教材，对象为学有余力且对理论物理和生物物理感兴趣的同学，对从事理论物理、凝聚态物理和生物物理等交叉学科研究领域的读者也有参考价值。

图书在版编目（CIP）数据

软物质生物分子物理基础 / 赵蕴杰著. -- 北京 : 科学出版社, 2025.2.
(21 世纪理论物理及其交叉学科前沿丛书). -- ISBN 978-7-03-081027-4

I. O7

中国国家版本馆 CIP 数据核字第 2025UR4282 号

责任编辑：陈艳峰　田轶静 / 责任校对：高辰雷
责任印制：张　伟 / 封面设计：无极书装

科学出版社 出版

北京东黄城根北街 16 号
邮政编码：100717
http://www.sciencep.com

北京中科印刷有限公司印刷
科学出版社发行　各地新华书店经销

*

2025 年 2 月第 一 版　开本：720×1000　1/16
2025 年 2 月第一次印刷　印张：11 1/4
字数：223 000

定价：98.00 元
(如有印装质量问题，我社负责调换)

作者简介

赵蕴杰，华中师范大学物理科学与技术学院教授，博士生导师，中国生物信息学学会"生物分子结构预测与模拟专业委员会"委员，湖北省生物信息学会和湖北省晶体学会理事，湖北省杰青。研究方向为凝聚态软物质物理和生物物理，在 *Nature Immunology* 和 *Nature Communications* 等刊物上发表 SCI(《科学引文索引》) 论文 60 余篇，所著《生物分子大数据分析》一书属"十三五"国家重点出版物。受邀担任 *Briefings in Bioinformatics* 和 *iScience* 等学术期刊客座编辑，*Physical Review Letters* 等 10 余个国际学术杂志审稿人。主持国家自然科学基金面上项目，湖北省杰出青年科学基金等多项基金项目，入选 3 项省部级人才支持计划。主要讲授"力学"、"软物质物理基础"和"机器学习与生物物理"等课程。

序　言

　　生物分子物理是软物质物理的主要分支之一，对现在的理工科学生来说掌握其基本知识非常有必要。一方面，生物分子(蛋白质和核酸)是一种十分复杂和特殊的软物质，其结构、相互作用、动力学等方面涉及物理、化学、生物学等多学科知识，理工科学生通过学习生物分子物理可以增强其跨学科综合能力和创新思维。另一方面，生物分子除了是生命活动的基础之外，在医学、生物技术、材料科学等许多领域也发挥着重要作用，了解和掌握生物分子物理相关知识可以为理工科学生未来的职业发展提供更多的选择和机会。

　　该书内容涵盖生物分子结构的基本知识和预测方法以及生物分子复杂的网络动力学。生物分子结构对生命活动起着至关重要的作用，通过预测它们的结构可以揭示其生物学功能和作用机制。生物分子在生物体内通过复杂的网络相互作用来参与生命活动的各个阶段，通过研究生物分子的复杂网络动力学可以揭示生物体内生命活动的动态过程。物理学是生物分子结构及其复杂网络动力学的重要基础，该书从物理学角度对它们进行介绍能够更好地从基本原理层次上认识它们。基于深度学习的蛋白质结构预测方法，Alphafold2 是人工智能用于解决复杂科学难题的标志性事件，推动了科学研究的发展和创新。该书也介绍了基于人工智能的结构和网络预测，这对于了解基于人工智能的新的科学研究范式非常有帮助。

　　该书的编写者长期从事生物分子物理方面的研究，在 RNA 结构预测、RNA-蛋白质复合物结构预测和生物分子复杂网络动力学等方面取得了一系列重要的研究成果，教材内容紧密联系相关研究前沿，为学生提供了丰富的第一手学习资源。通过该书的学习，学生能够了解和掌握生物分子物理的一些重要内容和研究方法，为未来的学术研究和职业发展提供更广的视角。

肖　奕
华中科技大学
2024 年 4 月

前　言

生物体的正常运作在很大程度上依赖于蛋白质和 RNA 等生物大分子的精确调控，在细胞功能以及信息传递等方面扮演着重要的角色。当前，专注于蛋白质和 RNA 的生物大分子研究领域正受到越来越多的关注，其结构和功能的研究一直是凝聚态与生物物理领域的重要研究课题。通过计算与实验技术的双重助力，我们在理解蛋白质和 RNA 结构与功能的复杂性方面取得了重要的突破。

生物大分子的物理规律如同密码一般揭示了其复杂结构的形成与演变，有助于我们理解其结构、功能与疾病的内在联系。这些规律不仅能够帮助我们理解生物大分子如何精巧地构建其三维形态，更揭示了这些结构如何与特定的生物功能紧密相连。通过这种深层次的联系，我们能够洞察生物大分子在生命活动中的角色，探索其异常变化如何导致疾病的发生。通过整合物理理论模型与实验数据，我们可以精确地分析和注释生物大分子的结构与功能，深刻理解相关的疾病发病机理，推动疾病治疗策略的发展。例如，最近的技术革新不仅促进了病毒结构的解析，也加速了疫苗的研发进程，在应对流行性疾病时起到了关键作用。精准靶向药物的研发也为癌症治疗提供了一种可行的新途径。

本书是我在华中师范大学面向物理学专业本科生和凝聚态物理专业研究生开设相关课程的基础上形成的。在教学实践中，我们发现没有合适的教材系统地介绍这个理论物理交叉学科前沿方向的基础知识，因此，我对近三年的教学素材进行了编撰，形成此书。本书从物理的角度出发，系统地介绍了生物大分子的基础物理知识，共 7 章。第 1 章为什么是软物质，简要介绍了软物质的相关物理基础知识。第 2 章和第 3 章为蛋白质和核酸分子结构，我们首先介绍了生物大分子的基本结构和性质，包括化学组成、空间构象以及生物功能等。接着，深入探讨了生物分子之间的相互作用，包括共价键和非共价键相互作用等物理基础知识。第 4 章为分子动力学模拟，对生物分子的动力学过程进行了详细的阐述，以常用的分子动力学方法 GROMACS 为例介绍了分子动力学的力场、计算步骤和应用场景等实际问题。第 5 章和第 6 章为结构预测和分子对接，介绍了生物大分子结构预测的基本理论模型，生物分子间的识别与结合，复合物界面间的相互作用等物理基础知识。第 7 章为复杂网络模型，介绍了网络的组成、性质和特征等基本理论知识，以及复杂网络模型在凝聚态与生物物理中的应用举例。本书旨在为读者提供一个全面而深入的视角来理解生物大分子的物理基础知识和核心概念。在编写过程中，我们力求做到既注重基础知识的梳理，又关注前沿研究的进展，激发读者对凝聚态与生物物理的兴趣和热情。

我的学生参与了本书的数据搜集与撰写，分别是曾成伟(华中师范大学博士研究生，第5章结构预测和第6章分子对接)，刘浩泉(华中师范大学博士研究生，第7章复杂网络模型)，还有研究生魏钟懿和赵雨晴参与了本书的校对工作。感谢华中科技大学物理学院肖奕教授为本书作序，也感谢国家自然科学基金"理论物理专款"项目，国家自然科学基金面上项目，湖北省杰出青年科学基金项目和华中师范大学物理科学与技术学院对本书的资助。最后，我特别感谢我的家人，本书的写作占用了大量的业余时间，没有家人的理解和支持，本书不可能完成。

由于作者水平有限，书中难免有不当之处，还望读者海涵和指正，请将建议发到如下邮箱：yjzhaowh@ccnu.edu.cn。愿本书能够成为读者探索凝聚态与生物物理世界的良师益友，给读者开启一段奇妙的科学之旅。

赵蕴杰

2024年春于武汉

目 录

序言
前言

第1章 什么是软物质？ 1
1.1 胶体 1
1.2 非牛顿体 3
1.3 晶状体 4
1.4 肥皂泡 5
1.5 分子聚合物 6
1.6 小结 7
1.7 课后练习 7
延展阅读 7
参考文献 10

第2章 蛋白质分子结构 11
2.1 氨基酸 11
2.2 肽键与主链 14
2.3 蛋白质二级结构 16
2.3.1 螺旋结构 16
2.3.2 β折叠结构 18
2.3.3 常见折叠类型 19
2.4 蛋白质三级结构 20
2.5 稳定蛋白质结构的物理相互作用 21
2.5.1 共价键 21
2.5.2 静电相互作用 22
2.5.3 极性相互作用 22
2.5.4 非极性相互作用 22
2.5.5 金属离子作用 23
2.5.6 水分子相互作用 24
2.6 小结 24
2.7 课后练习 24

延展阅读 …………………………………………………………………… 25
　　参考文献 …………………………………………………………………… 28
第 3 章 核酸分子结构 ………………………………………………………… 30
　3.1　主链结构 …………………………………………………………………… 30
　3.2　碱基与配对 ………………………………………………………………… 31
　3.3　螺旋与柔性 ………………………………………………………………… 33
　3.4　RNA 结构 ………………………………………………………………… 35
　　　3.4.1　RNA 与 DNA 结构的不同 ……………………………………… 35
　　　3.4.2　RNA 结构模体 …………………………………………………… 36
　3.5　核酸-蛋白质复合物 ……………………………………………………… 39
　3.6　金属离子效应 ……………………………………………………………… 40
　3.7　小结 ………………………………………………………………………… 42
　3.8　课后练习 …………………………………………………………………… 42
　　延展阅读 …………………………………………………………………… 43
　　参考文献 …………………………………………………………………… 46
第 4 章 分子动力学模拟 ……………………………………………………… 48
　4.1　动力学模拟 ………………………………………………………………… 48
　4.2　小结 ………………………………………………………………………… 56
　4.3　课后练习 …………………………………………………………………… 56
　　延展阅读 …………………………………………………………………… 57
　　参考文献 …………………………………………………………………… 59
第 5 章 结构预测 ……………………………………………………………… 61
　5.1　蛋白质二级结构预测 ……………………………………………………… 61
　　　5.1.1　蛋白质二级结构预测方法 ……………………………………… 61
　　　5.1.2　蛋白质二级结构预测实例 ……………………………………… 63
　5.2　蛋白质三级结构预测 ……………………………………………………… 66
　　　5.2.1　同源建模法 ………………………………………………………… 67
　　　5.2.2　穿线建模法 ………………………………………………………… 70
　　　5.2.3　从头预测法 ………………………………………………………… 73
　5.3　RNA 二级结构预测 ……………………………………………………… 74
　　　5.3.1　RNA 二级结构预测方法 ………………………………………… 74
　　　5.3.2　RNA 二级结构预测实例 ………………………………………… 76
　5.4　RNA 三级结构预测 ……………………………………………………… 78
　　　5.4.1　RNA 构象生成 …………………………………………………… 78
　　　5.4.2　RNA 预测结构评估 ……………………………………………… 80

5.5 基于人工智能的结构预测 ································ 84
5.6 小结 ··· 87
5.7 课后练习 ··· 87
延展阅读 ··· 88
参考文献 ··· 92

第 6 章 分子对接 ·· 96
6.1 锁钥模型 ··· 96
6.2 复合物分子标准数据集 ···························· 98
6.3 复合物结构采样 ·································· 102
6.4 复合物结构评估 ·································· 104
    6.4.1 RNA-蛋白质复合物结构评估方法 ············ 104
    6.4.2 RNA-蛋白质复合物结构评估实例 ············ 108
6.5 基于人工智能的复合物结构预测 ·················· 110
6.6 小结 ··· 111
6.7 课后练习 ··· 112
延展阅读 ··· 112
参考文献 ··· 113

第 7 章 复杂网络模型 ···································· 116
7.1 网络的基本概念 ·································· 117
7.2 网络的基本特征 ·································· 122
    7.2.1 网络局部特征 ······························ 122
    7.2.2 网络全局特征 ······························ 125
7.3 分子内相互作用网络与预测 ······················ 130
    7.3.1 直接耦合分析模型 ·························· 131
    7.3.2 直接耦合分析预测蛋白质分子内相互作用 ···· 137
7.4 动力学网络分析 ·································· 142
    7.4.1 分子动力学模拟与研究体系 ·················· 143
    7.4.2 从动力学模拟到动力学网络 ·················· 144
    7.4.3 动态互相关矩阵 ···························· 145
    7.4.4 动力学网络社区划分 ························ 146
    7.4.5 最优路径和次优路径识别 ···················· 149
7.5 基于复杂网络的生物分子复合物相互作用位点预测 ···· 150
    7.5.1 问题背景 ·································· 150
    7.5.2 模型搭建 ·································· 151
    7.5.3 研究结果 ·································· 154

7.6 小结 ·· 155
7.7 课后练习 ·· 156
延展阅读 ··· 157
参考文献 ··· 160
《21 世纪理论物理及其交叉学科前沿丛书》已出版书目 ················· 163

第 1 章 什么是软物质?

软物质泛指处于固体和理想流体之间的复杂凝聚态物质,主要特点是基本单元之间的相互作用较弱,容易受到温度等环境的影响,熵效应显著,会形成有序的结构单元[1-2]。生活中常见的软物质包括胶体、液晶、橡胶和生物分子等,图 1.1 为 RNA-蛋白质复合物分子结构示意图。在本章中,我们将讨论哪些物质是软物质分子?软物质分子有什么共同的物理性质?

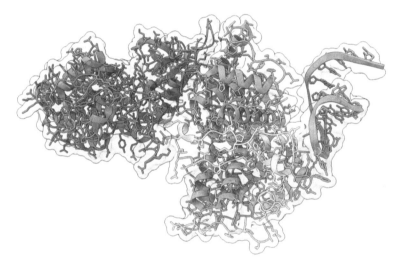

图 1.1 RNA-蛋白质复合物分子结构示意图 (PDB ID:6CYT)

图中的紫色、黄色、红色和绿色结构为蛋白质分子,浅紫色结构为 RNA 分子

1.1 胶 体

胶体是一种由微观颗粒悬浮在连续介质中的混合物,是生活中常见的软物质。胶体主要由分散相和连续相两部分组成,分散相是胶体中的微观颗粒,尺寸介于分子和颗粒物之间 (1~1000nm)。连续相是微观颗粒周围的介质,通常为液体。胶体的稳定性是指微观颗粒分散在连续相中的均匀程度。稳定胶体的颗粒保持分散状态,光照后会产生特有的散射现象。不稳定胶体的颗粒会形成较大的团块结构。在食品、药物、油墨、润滑剂和化妆品等工业中有广泛的应用。

胶体可以分为凝聚态胶体和溶胶态胶体两种基本类型,其微观颗粒之间的相互作用决定了它们在宏观层面上的不同行为和性质。凝聚态胶体的微观颗粒会互相吸引，溶胶态胶体的微观颗粒会互相排斥。在凝聚态胶体中，微观颗粒之间存在吸引力，这种吸引力可以由范德瓦耳斯力、静电力或其他类型的相互作用引起。由于这种相互吸引，凝聚态胶体的微观颗粒倾向于聚集在一起，形成较大的聚集结构。这种趋势会导致凝胶的形成，而凝胶是一种凝聚态的胶体，其结构类似于固体但具有流动性，含有大量液体。相反，在溶胶态胶体中，微观颗粒之间存在互相排斥的力，这可能来自电荷相互作用或其他排斥机制。由于这种互斥作用，溶胶态胶体的微观颗粒倾向于分散在溶剂中，保持分散的状态，这使得溶胶态胶体具有较小的颗粒尺寸和相对稳定的分散性。1940 年左右提出的 DLVO(Derjaguin-Landau-Verwey-Overbeek) 理论是描述胶体微观颗粒间相互作用的经典理论，主要考虑了范德瓦耳斯力 (公式 (1.1)) 和静电力 (公式 (1.2)) 两种相互作用：

$$E_{\text{vdw}}(r) = -\frac{A}{r^6} + \frac{B}{r^{12}} \tag{1.1}$$

其中，r 是两个分子间的距离；A 和 B 是范德瓦耳斯常数。

$$E(r) = \frac{q_i q_j}{4\pi\varepsilon r} \tag{1.2}$$

其中，q_i 和 q_j 分别是两个微观颗粒的带电量；ε 是介电常数；r 是原子间距离。范德瓦耳斯力是吸引力，静电力是胶体微观颗粒表面带电产生的静电排斥，DLVO 理论可以描述胶体微观颗粒的稳定性和凝聚性。例如，牛奶是一种常见的由脂肪颗粒和乳清蛋白等组成的胶体体系，DLVO 理论可以计算牛奶中脂肪颗粒和乳清蛋白颗粒之间的相互作用，确定影响牛奶的稳定性和质地的具体因素。

胶体中的微观颗粒受到周围分子的碰撞后会产生微小位移，表现出无规律的随机运动。1901 年提出的斯莫卢霍夫斯基 (Smoluchowski) 理论模型可以描述胶体微观颗粒在流体中的扩散行为。通过扩散方程，我们可以考虑胶体微观颗粒受到流体分子碰撞的影响，并通过求解得到扩散系数 D，爱因斯坦 (Einstein) 关系给出了扩散系数 D 与颗粒的平均位移 $\langle x^2 \rangle$ 之间的关系：

$$D = \frac{\langle x^2 \rangle}{2dt} \tag{1.3}$$

其中，$\langle x^2 \rangle$ 是胶体微观颗粒的平均位移；d 是胶体颗粒体系的维度；t 是时间。该理论适用于计算小尺寸颗粒在流体中的运动。例如，生活中常见的颜料颗粒扩散可以通过 Smoluchowski 理论模型进行精确计算，确定影响颜料稳定性与扩散能力的具体因素。

胶体具有一定的黏度和弹性，1868 年提出的麦克斯韦 (Maxwell) 模型描述了弹性和黏性元素并联的流体，适用于描述弹性和黏性同时发生的情况。

由颗粒之间相互作用、流体性质等因素引起的应力可表示为

$$\sigma(t) = G\varepsilon(t) + \eta \frac{\mathrm{d}\varepsilon(t)}{\mathrm{d}t} \tag{1.4}$$

其中，G 是弹性模量；η 是黏度。该模型可以计算胶体的流体性质，有助于优化胶体在工业应用中的输送和加工等性能。

1.2 非牛顿体

流体在流动的时候其层与层之间的流动速度不一样，层与层之间会发生相对移动并产生摩擦力。牛顿流体的剪切力与剪切应变率呈正比关系。

生活中常见的淀粉浆、鸡蛋清和石油等流体的剪切力与剪切应变率不是简单的线性关系，这些流体称为非牛顿体。

非牛顿体有较为明显的剪切增稠效应。流体系统是固体分子和液体的混合液，以较小的剪切速度或弱力切割非牛顿体，固体分子有充足的时间向四周移动，所以呈现出可流动的液体性质。当我们以较快的剪切速度或强力切割非牛顿体时，固体分子的接触面积变大，系统呈现出较强的黏性和较大的摩擦力。例如，生活中常见的淀粉溶液是非牛顿体，缓慢搅动时呈现液体性质，但快速搅动时则有较强的黏性和阻力。

非牛顿体有较为明显的爬杆效应 (图 1.2)。如果将细杆插入非牛顿体快速旋转，细杆周围流体的黏度与摩擦力会增大，使得周围流体跟着细杆一起移动，产生

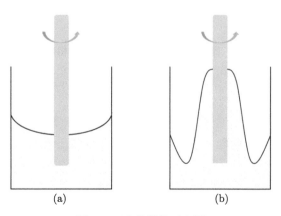

图 1.2　流体搅拌示意图

(a) 为一般流体搅拌示意图；(b) 为非牛顿体搅拌示意图，快速搅拌时非牛顿体会呈现出爬杆效应

沿细杆爬升的现象。非牛顿体还有较为明显的无管虹吸效应。常见的虹吸现象源于液体分子的压强差，水会因为压强差从高处流向低处。非牛顿体快速流动时流体的黏度因为剪切速率的变化而急剧增大，在流体表面张力和摩擦力的作用下非牛顿体呈现从低到高的曲线路径移动的虹吸效应。

1.3 晶 状 体

晶状体是眼球的重要组成部分，主要由晶状体细胞、晶状体蛋白和水组成。晶状体细胞排列成长纤维，从晶状体前缘向后缘延伸。图 1.3 为晶状体蛋白的分子结构，主要为 α-晶状体蛋白 (PDB ID：3L1F)、β-晶状体蛋白 (PDB ID：1OKI) 以及 γ-晶状体蛋白 (PDB ID：6FD8)。α-晶状体蛋白是一类相对较小的热稳定蛋白，β-晶状体蛋白是由四个相似亚基组成的一个四聚体结构并形成紧密的片层结构，与 α-晶状体蛋白一起构成了晶状体的蛋白网络。γ-晶状体蛋白是眼球晶状体中最主要的蛋白质类型，会随着年龄的增加逐渐被 α-晶状体蛋白和 β-晶体蛋白取代。这些蛋白共同维持着晶状体的透明性和光学功能。晶状体具有弹性，悬挂于眼球的睫状肌和边缘膜，可以在眼球内部进行自由运动。

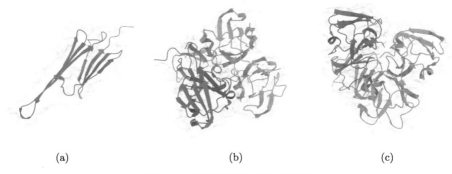

图 1.3　晶状体蛋白的分子结构

(a) 为 α-晶状体蛋白 (PDB ID：3L1F)；(b) 为 β-晶状体蛋白 (PDB ID：1OKI)；(c) 为 γ-晶状体蛋白 (PDB ID：6FD8)

晶状体的调节功能是通过睫状肌的收缩和松弛来实现的，可以用弹性物理模型来解释晶状体的工作原理

$$F = -kx \tag{1.5}$$

其中，F 是弹性力；k 是弹簧弹性系数；x 是弹簧的伸长或压缩距离。当我们观察远处的物体时，睫状肌松弛导致晶状体变得扁平，减小了晶状体的焦距，使光线能在视网膜上聚焦。观察近处的物体时，睫状肌收缩使晶状体呈现圆形，增大了

晶状体的焦距，使近处的物体能够在视网膜上形成清晰的图像。晶状体会随着年龄的增长逐渐失去弹性，晶状体蛋白会发生生化与结构变化并逐渐硬化而无法有效聚焦，从而导致老年人看不清近处的物体。近视则是晶状体蛋白过于弯曲，焦点聚集在晶状体前面所导致的。

1.4 肥 皂 泡

肥皂泡是典型的软物质，薄膜干涉会使肥皂泡产生五彩斑斓的颜色，在外力的作用下具有可变形性和可塑性的特征。肥皂泡中液体分子间的吸引力表现出趋向减小表面积的性质，使肥皂泡表面形成薄膜包裹空气。肥皂膜具有一定的弹性，当肥皂泡内部气体压力与肥皂泡薄膜的表面张力平衡时，肥皂泡会保持一个相对稳定的形状。

肥皂泡的形成是一个液体薄膜在表面张力和气体压力的共同作用下的过程。这个过程中，分子在液体表面张力的作用下形成薄膜，内部充满气体，使得肥皂泡形成并维持特定的形状。

表面活性剂的浓度会随着肥皂泡薄膜变薄而变化。随着肥皂泡薄膜逐渐变薄，表面活性剂的浓度会发生变化，成为关于薄膜高度 z 的函数。随着薄膜高度的增加，界面中的表面活性剂越来越少，表面张力逐渐递增。薄膜高度为 z 时的受力平衡为

$$\rho g d = 2\frac{\mathrm{d}\gamma}{\mathrm{d}z} \tag{1.6}$$

其中，ρ 是液体的密度；g 是重力加速度；d 是薄膜的厚度；z 是薄膜的高度。肥皂泡薄膜顶部与底部间的张力差受到 $\Delta\gamma$ 的限制，决定了肥皂膜的最大高度

$$z_{\max} = \frac{2\Delta\gamma}{\rho g d} \tag{1.7}$$

其中，γ 是液体的表面张力。

肥皂膜中的水分蒸发和表面张力会引起肥皂膜的老化和变薄。水分蒸发后，肥皂膜随着时间的推移会逐渐失去稳定性和弹性并破裂或塌陷。在表面张力的作用下，肥皂膜的薄弱区域会受到拉伸。当肥皂膜的弹性不能承受表面张力的作用时，肥皂膜会发生破裂。肥皂膜内外层分子间的范德瓦耳斯相互作用会吸引两层表面逐渐靠近，并随着表面之间的距离减小而逐渐增强，导致薄膜收缩和变薄。

肥皂膜逐渐老化的过程中，会形成一个 4~10nm 的稳定黑膜。该薄膜因为太薄而不能显示出干涉的颜色，正面和背面反射光的相位差超过 180°，薄膜的厚度

可以通过以下公式计算：

$$\frac{I}{I_0} = 4r^2\sin^2\left(\frac{2\pi nd}{\lambda}\right) \tag{1.8}$$

其中，I 与 I_0 是反射光与入射光的强度；r^2 是表面碰撞摩擦系数；n 是薄膜的平均折射率；d 是薄膜的厚度；λ 是光的波长。

肥皂泡的薄膜厚度通常在几微米到几十微米之间，范德瓦耳斯相互作用 (引力) 与膜厚的幂呈反比关系，静电相互作用 (斥力) 与膜厚呈指数关系。肥皂膜的老化是一个渐进的过程，其破裂与薄膜的表面张力、薄膜的厚度和黏性等多种因素相关。

1.5 分子聚合物

分子聚合物是由相同或相似的小分子单体通过共价键连接而形成的高分子化合物 (图 1.4)。在软物质中，分子聚合物通常形成长链状结构。例如，生活中常见的果冻就是一种聚合物凝胶。

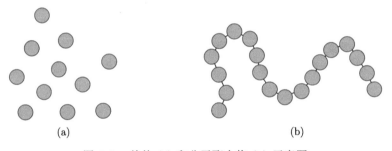

图 1.4 单体 (a) 和分子聚合物 (b) 示意图

弗洛里–哈金斯 (Flory-Huggins) 理论是于 1953 年提出的描述聚合物溶液中相行为的一种统计力学理论，适用于描述软物质中分子聚合物的相行为。该理论模型基于对聚合物链段的平均统计描述，考虑链间的吸引和排斥相互作用。首先，将聚合物链划分为若干链段，每个链段在平均场中受到相互作用的影响。然后，引入相互作用参数 χ，描述链段间的吸引和排斥相互作用。链段间的吸引作用有助于相溶，而排斥作用则促使发生相分离，自由能为

$$\Delta G_{\text{mix}} = RT\sum_{i=1}^{N} x_i \ln x_i + \chi \sum_{i=1}^{N}\sum_{j=1}^{N} x_i x_j \tag{1.9}$$

其中，x_i 是组分 i 的摩尔分数；χ 是相互作用参数。第一项表示熵的贡献，考虑了每个组分的贡献。第二项表示相互作用的能量贡献，当 χ 为正时，表示聚合物链之间存在排斥作用；当 χ 为负时，表示聚合物链之间存在吸引作用。

高分子链统计力学是描述高分子链的构象和性质的理论。该理论关注单个高分子链的随机构象，以及由热运动而引起的构象的概率性变化。该理论模型主要通过考虑大量高分子链的统计平均，推导出整体高分子体系的性质。

高分子链统计力学的基础是对高分子链模型的建立。这些模型描述了高分子链的结构和行为，可以是连续的 (如连续高分子链模型) 或离散的 (如自由连接链模型、随机游走模型)。高分子链统计力学中的配分函数 (Q) 描述了系统在不同构象下的概率分布，包含系统的能量与熵信息。分子聚合物链的随机构象需要考虑高分子链的自由能和构象熵等，可以解释聚合物链的形态变化和性质。

$$F = -k_B T \ln Q \tag{1.10}$$

其中，F 是自由能；Q 是配分函数。高分子链统计力学通常采用平均场理论将问题简化，描述系统平均的整体性质。

1.6 小　　结

软物质基本单元之间的相互作用较弱，具有自组织的倾向，其分子能够以一种有序的方式排列，形成特定的结构。软物质对外界的环境刺激较为敏感 (如温度、湿度、pH 值和电场等)，呈现出缓慢的非平衡和较大的非线性响应。软物质分子在生命科学、食品科学和材料科学等众多领域有广泛的应用。

1.7 课后练习

习题 1 列举生活中常见的三种胶体，描述它们的物理性质，解释胶体与溶液之间的主要区别。

习题 2 举例说明生活中常见的非牛顿体，描述它们的物理性质和应用。

习题 3 肥皂泡形成的基本原理是什么？哪些因素会影响肥皂泡的稳定性？

习题 4 结合眼球中的晶状体解释近视和远视的基本物理原理。

习题 5 软物质分子有什么共同的物理性质？

延 展 阅 读

随机行走模型 (random walk) 是软物质物理中常用的一种理论模型。在三维格点上模拟高分子聚合链的自回避随机行走可以模拟高分子聚合链的构象变化与扩散行为。在三维空间格点上，首先设定初始点坐标 (0, 0, 0)。然后，通过随机数判断行走的方向。每次沿 $x(y$ 或 $z)$ 方向行走长度为 1 的距离，并记录每一步的位置。最后，判断行走路径是否与之前记录的位置有重合。如果重合则需要重

新利用随机数确定新的行走方向。三维空间格点自回避随机行走的 Python 程序实现示例如下:

```python
import random
import math
import matplotlib.pyplot as plt

#定义向上、下、左、右、前、后的移动
moves=[(0,0,1),(0,0,-1),(0,1,0),(0,-1,0),(1,0,0),(-1,0,0)]
n=10
results={}#定义存储模拟结果的字典,用以保存点的坐标

for sim in range(n):
    initial_point=(0,0,0)
    points=[initial_point]#存储生成的点
    visited=set()#存储已经访问的点
    visited.add(initial_point)#将初始点添加到已访问集合

    #生成30个不重复的点
    while len(points)<30:
        x,y,z=points[-1]#当前最后一个点
        random.shuffle(moves)#random库里随机打乱移动的顺序的函数
        moved=False

        for move in moves:
            new_x,new_y,new_z=x+move[0],y+move[1],z+move[2]
            new_point=(new_x,new_y,new_z)

            #检查新点是否已经访问过
            if new_point not in visited:
                points.append(new_point)
                visited.add(new_point)
                moved=True
                break

    #将模拟结果存储到字典
    results[sim]={
        "points":points,
    }
print(results)
```

模拟多次以后，将以上程序输出的随机行走位置输入到如图 1.5 所示的绘图程序中可以生成随机行走的三维图像。

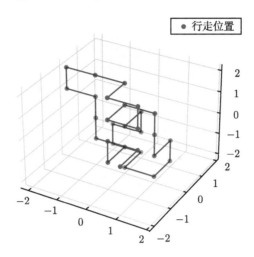

图 1.5　三维空间格点自回避随机行走

```
from mpl_toolkits.mplot3d import Axes3D
#假设坐标列表为 coordinates，其中每个元素都是一个三元组 (x,y,z)
coordinates=[(0,0,0),(0,1,0),(0,1,-1),(-1,1,-1),(-1,1,-2),(0,1,-2),
    (0,0,-2), (1,0,-2),(1,1,-2),(1,1,-1),(1,0,-1),(1,0,0),(1,0,1),
    (0,0,1),(0,-1,1), (1,-1,1),(1,-1,2),(0,-1,2),(0,0,2),(-1,0,2),
    (-2,0,2),(-2,0,1),(-1,0,1),(-1,0,0),(-1,0,-1),(0,0,-1),(0,-1,-1),
    (0,-1,0),(1,-1,0),(1,-2,0)]
#创建一个 3D 图形窗口
fig=plt.figure()
ax=fig.add_subplot(111,projection='3d')
#提取坐标的 x,y,z 值
x,y,z=zip(*coordinates)
#绘制散点图
ax.scatter(x,y,z,c='r',marker='o',label='Points')
#连接相邻的点
for i in range(len(coordinates)-1):
    ax.plot([x[i],x[i+1]],[y[i],y[i+1]],[z[i],z[i+1]],c='b')
#显示图例
ax.legend()
#显示图形
plt.show()
```

参 考 文 献

[1] 土井正男. 软物质物理. 吴晨旭, 译. 北京: 龙门书局, 2021.
[2] 陆坤权, 刘寄星. 软物质物理学导论. 北京: 北京大学出版社, 2006.

第 2 章 蛋白质分子结构

蛋白质分子是生命有机体的核心分子,有能量存储、催化反应、生物代谢、分子运输、病毒防御和结构支持等重要的生物学功能 (图 2.1)。蛋白质分子结构的测定和研究使我们可以从分子水平理解蛋白质的生物学功能和调控物理机理,并将其应用于揭示疾病的发病机理和相关疾病的诊断治疗。在本章中,我们将讨论蛋白质的结构特征和物理基础。

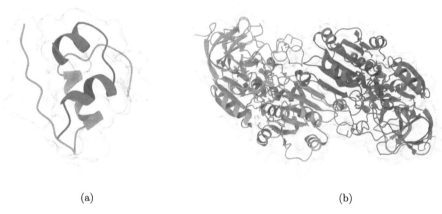

图 2.1 蛋白质结构示意图
(a) 为胰岛素蛋白 (PDB ID: 2HIU)[1];(b) 为乙醇脱氢酶蛋白 (PDB ID: 2OHX)[2]

2.1 氨 基 酸

氨基酸是生物体内的基本有机分子,是构成蛋白质的基本结构单元。氨基酸结构由氨基 (—NH_2)、羧基 (—COOH) 和侧链 (R 基) 组成,共同连接在 α-碳 (C_α) 上形成手性结构 (图 2.2)。从一个 L 构象的氨基酸 H 原子顺时针看,具体为羧基 (—COOH)、侧链 (R 基) 和氨基 (—NH_2)。根据氨基酸侧链的性质,可以将氨基酸分为非极性氨基酸、无电荷的极性氨基酸、有电荷的极性氨基酸和无侧链氨基酸 4 类,具体如下。

(1) 非极性氨基酸的侧链通常是疏水的,不与水发生相互作用,它们的分子倾向于聚集在一起,远离水分子。非极性氨基酸在蛋白质内部通常形成疏水核心,有助于蛋白质结构的稳定 (图 2.3)。典型的非极性氨基酸包括：丙氨酸 (Ala)、缬氨酸 (Val)、亮氨酸 (Leu)、异亮氨酸 (Ile)、脯氨酸 (Pro)、甲硫氨酸 (Met) 和苯丙氨酸 (Phe)。

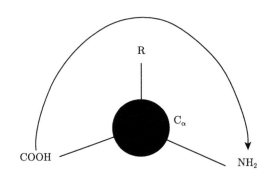

图 2.2　氨基酸结构示意图

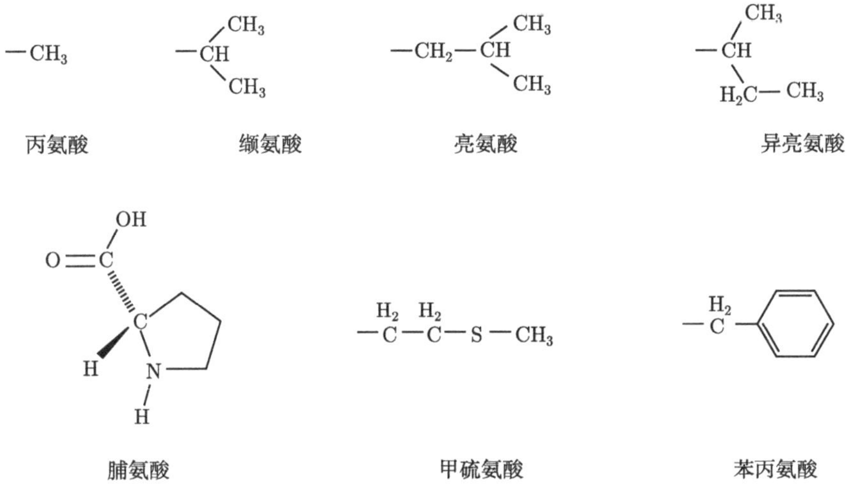

图 2.3　非极性氨基酸侧链结构示意图

(2) 无电荷的极性氨基酸的侧链包含极性功能基团，但没有带电荷。它们与水分子相互作用，但不会在水中离子化。这些氨基酸通常位于蛋白质表面，参与蛋白质与水或其他溶剂的相互作用 (图 2.4)。典型的无电荷的极性氨基酸包括：半胱氨酸 (Cys)、谷氨酰胺 (Gln)、丝氨酸 (Ser)、苏氨酸 (Thr)、酪氨酸 (Tyr)、色氨酸 (Trp) 和天冬酰胺 (Asn)。

半胱氨酸　　谷氨酰胺　　丝氨酸　　苏氨酸

酪氨酸　　色氨酸　　天冬酰胺

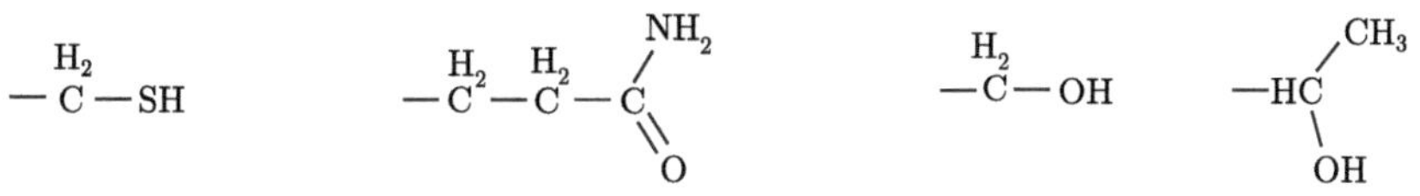

图 2.4　无电荷的极性氨基酸侧链结构示意图

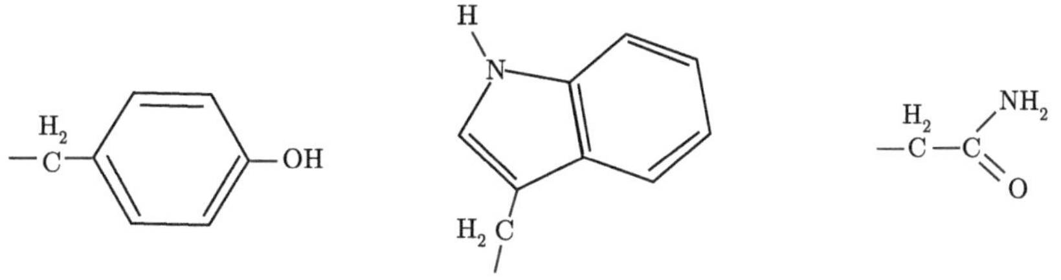

(3) 有电荷的极性氨基酸侧链含有带正电荷或负电荷的功能基团，使其在溶液中离子化，带电状态可以影响蛋白质与其他分子的相互作用，在蛋白质的结构和功能中发挥着重要作用 (图 2.5)。典型的有电荷的极性氨基酸包括：天冬氨酸 (Asp)、谷氨酸 (Glu)、组氨酸 (His)、精氨酸 (Arg) 和赖氨酸 (Lys)。

天冬氨酸　　谷氨酸　　组氨酸

精氨酸　　赖氨酸

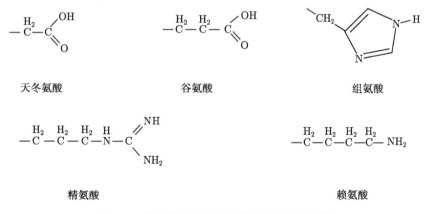

图 2.5　有电荷的极性氨基酸侧链结构示意图

(4) 无侧链氨基酸没有侧链，只有一个氨基和一个羧基，它在蛋白质中通常作为连接元素出现。典型代表为：甘氨酸 (Gly)。

有些氨基酸人体无法合成，必须通过饮食获取，为人体所需的必需氨基酸。例如，异亮氨酸、亮氨酸、色氨酸等都是必需氨基酸。有些氨基酸人体可以合成，不需要通过饮食摄入，为非必需氨基酸。例如，天冬氨酸、谷氨酰胺等为非必需氨基酸。氨基酸的质量和 pK_a 值有很大的差别，这些差异对蛋白质的折叠、选择性相互作用和催化反应等功能十分重要 (表 2.1)。DNA 还会编码一种"非标准"氨基酸：硒代半胱氨酸，即硫原子被硒所取代的半胱氨酸。

表 2.1 蛋白质中的氨基酸基本信息

名称	英文名	缩写	分子质量/Da*	侧链 pK_a	类型
丙氨酸	alanine	Ala	89	—	非极性
精氨酸	arginine	Arg	174	12.5	极性
天冬酰胺	asparagine	Asn	132	—	极性
天冬氨酸	aspartic acid	Asp	133	3.9	极性
半胱氨酸	cysteine	Cys	121	8.2	极性
谷氨酸	glutamic acid	Glu	147	4.1	极性
谷氨酰胺	glutamine	Gln	146	—	极性
甘氨酸	glycine	Gly	75	—	无侧链
组氨酸	histidine	His	155	6.0，14.5	极性
异亮氨酸	isoleucine	Ile	131	—	非极性
亮氨酸	leucine	Leu	131	—	非极性
赖氨酸	lysine	Lys	146	10.5	极性
甲硫氨酸	methionine	Met	149	—	非极性
苯丙氨酸	phenylalanine	Phe	165	—	非极性
色氨酸	tryptophan	Trp	204	—	极性
缬氨酸	valine	Val	117	—	非极性
丝氨酸	serine	Ser	105	14.2	极性
苏氨酸	threonine	Thr	119	15	极性
酪氨酸	tyrosine	Tyr	181	10.5	极性
脯氨酸	proline	Pro	115	—	非极性

*$1Da=1u=1.66054\times 10^{-27}kg$。

2.2 肽键与主链

氨基酸在空间上通过肽键连接在一起形成多肽链。肽键是由氨基酸中的羧基与下一个氨基酸通过脱水反应形成的酰胺键 (图 2.6)。在这个过程中，一个水分子被释放，而氨基酸分子之间的羧基和氨基结合形成了肽键。该反应是可逆的，两个氨基酸通过此反应方程连接或断开，中间代谢产物是水分子。

肽键是多肽链和蛋白质的构建基础。肽键的形成使得骨架结构在肽键处呈现平面构型，稳定了蛋白质的空间结构。肽键的双键性质使其具有共振结构，限制

2.2 肽键与主链

了骨架的旋转自由度，对蛋白质的空间结构和构象有重要影响。例如，肽键中的 C=O 和 N—H 具有部分双键特征，连接两个 C_α 原子间的肽键原子位于一个平面上，ω(omega) 扭转角对于正常的反式 (*trans*) 构象肽键约为 180°，顺式 (*cis*) 肽键 ($\omega \approx 0°$) 由于空间位阻效应非常罕见 (图 2.7)。

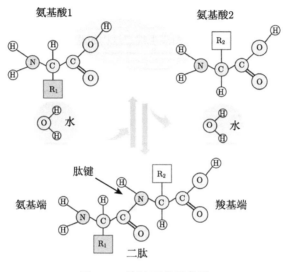

图 2.6 肽键形成示意图

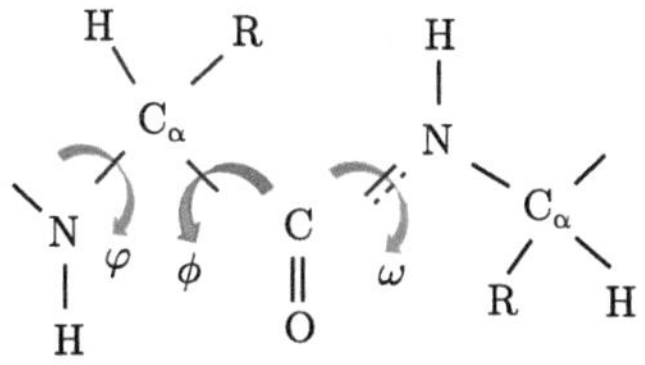

图 2.7 肽键二面角示意图

多肽主链每个残基的构象可以用 φ(phi) 和 ϕ(psi) 两个扭转角来描述。由于羰基 O、NH 基团 H 和 C 上的 H 及侧链原子之间的空间位阻，φ 和 ϕ 只能取有限的值，角度的允许区域可以用拉氏图 (Ramachandran plot) 表述。其中脯氨酸 (Pro) 具有非常受限的构象，其 φ 的取值非常接近 −60°，没有侧链限制的甘氨酸 (Gly) 残基 φ 和 ϕ 的角度取值范围要大得多。

2.3 蛋白质二级结构

2.3.1 螺旋结构

螺旋结构是蛋白质二级结构中的常见结构类型，由氨基酸在多肽链中通过氢键相互作用形成，具有稳定的物理结构特征 (表 2.2)，醛缩酶和肌红蛋白等功能蛋白质分子都有典型的螺旋结构特征 (图 2.8)。

表 2.2 蛋白质中螺旋结构的基本参数

结构类型	3_{10}	α	π
氢键原子数	10	13	16
氢键连接数	$n-n+3$	$n-n+4$	$n-n+5$
相邻残基间夹角/(°)	120	100	88
每个残基的螺旋上升高度/Å	2	1.5	1.15
每圈螺旋的残基数	3	3.6	4.1

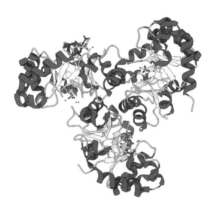

图 2.8　蛋白质螺旋结构示意图，α 螺旋醛缩酶蛋白 (PDB ID：1WBH)[3]

蛋白质的 α 螺旋是一种螺旋形状的二级结构 (图 2.9)。蛋白质主链在羟基的氧原子及下一个周期 (残基 n 和 $n+4$) 的—NH 氮原子间形成氢键，使蛋白质链围绕中心轴旋转形成螺旋状的稳定结构。α 螺旋结构中的 ϕ 和 φ 值分别约为 $-60°$ 和 $-50°$，沿螺旋轴上升的连续残基之间的距离为 1.5Å，每圈螺旋的残基数为 3.6 个，跨度为 5.4Å。非极性氨基酸 (如异亮氨酸、亮氨酸、丙氨酸) 通常富集在螺旋的内侧，而极性氨基酸 (如谷氨酸、天冬氨酸、精氨酸) 则更可能位于螺旋的外侧，与水相互作用。α 螺旋中极性和非极性残基以相隔 3 或 4 个残基的方式分布在顺序中，产生具有一个亲水面和一个疏水面的结构特征，这种螺旋被称为两亲性 α 螺旋。因此，α 螺旋常见于蛋白质表面，稳定蛋白质分子的结构。结构预测时，极性和非极性残基的分布特征可用于 α 螺旋的结构判定，也可以用于预

2.3 蛋白质二级结构

测螺旋在界面的位置。α 螺旋可以是右手 (顺时针) 或左手 (逆时针) 螺旋状阶梯结构，由于蛋白质中除甘氨酸外的所有氨基酸都是 L 构型，所以空间位阻利于右手螺旋的形成。

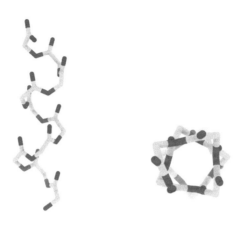

图 2.9　蛋白质分子 α 螺旋结构示意图

蛋白质结构的 3_{10} 螺旋是另一种常见的二级结构单元，常以右螺旋结构排列。3_{10} 螺旋的氨基酸由残基 n 与残基 $n+3$ 之间的氢键连接形成，每个氨基酸的相邻夹角为 120°，每圈螺旋的残基数为 3 个，每个残基的螺旋上升高度为 2Å (图 2.10)。3_{10} 螺旋的氢键相互作用网络没有 α 螺旋稳定，其残基的长度较短，主链扭曲角分布有一定的偏差，结构有一定的不规则性。

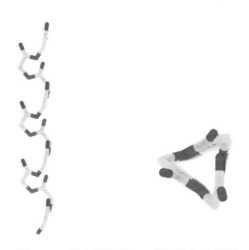

图 2.10　蛋白质分子 3_{10} 螺旋结构示意图

蛋白质结构的 π 螺旋由残基 n 与残基 $n+5$ 之间的氢键连接形成，是较为少见的螺旋结构 (图 2.11)。π 螺旋每个氨基酸的相邻夹角为 88°，每圈螺旋的残基数为 4.1 个，每个残基的螺旋上升高度为 1.15Å。

图 2.11 蛋白质分子 π 螺旋结构示意图

2.3.2 β 折叠结构

β 折叠结构是常见的蛋白质二级结构单元，主要由蛋白质链不同区域之间的氢键相互作用形成片层结构。在 β 折叠结构中，结构内部所有的—NH 基团和—CO 基团会形成氢键，氨基酸残基组成的蛋白质链会沿着蛋白质主轴折叠形成平行或反平行的片层结构。

图 2.12 为蛋白质 β 折叠结构示意图，平行或反平行的 β 折叠结构中相邻侧链与主链垂直并指向相同的方向，连续残基间的距离为 3.3Å，主链的 ϕ 和 φ 值分别为 130° 和 125° 左右。顺着 β 折叠的序列方向看，β 折叠片层呈现出右手扭转的趋势。在反平行的 β 折叠结构中常发生多出一个氨基酸的情况，为 β 突起

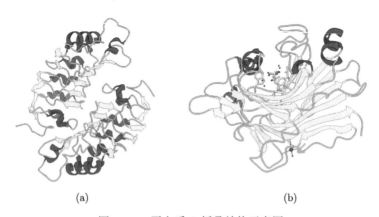

(a) (b)

图 2.12 蛋白质 β 折叠结构示意图

(a) 为平行的 β 折叠结构蛋白 (PDB ID：6FG7)[4]；(b) 为反平行的 β 折叠结构蛋白 (PDB ID：7EO3)[5]

2.3 蛋白质二级结构

结构单元。该结构单元会使氨基酸的相互作用配对发生错位和偏移，从而加剧 β 折叠结构的扭转。β 折叠片层上除了两条边界链外侧的 N—H 和 C≡O 基团外，其他几乎所有的极性酰胺基团都彼此形成氢键。

2.3.3 常见折叠类型

蛋白质的螺旋结构与 β 折叠结构可以组合成常见的折叠结构单元 (表 2.3, 图 2.13)。α/β 双缠绕折叠是由 α 螺旋和 β 折叠交替排列而成的结构单元。例如，腺苷酸激酶为 α/β 双缠绕折叠结构，可以催化腺苷三磷酸 (ATP)、腺苷二磷酸 (ADP) 和腺苷一磷酸 (AMP) 之间的互相转化[7]。TIM 桶折叠的名字来源于磷酸甘油醛异构酶，该结构由 8 条平行 β 束形成一个圆桶，每条 β 束再连接一个螺旋，8 个螺旋组成蛋白质的一个外层。许多功能不相关且没有显著序列同源性的酶都具有这个折叠结构，并且这些酶的活性中心总是位于 TIM 桶折叠的一端，显示出该结构类型在蛋白质演化过程中的重要性[6]。劈裂 α/β 三明治结构包含反平行片层和螺旋，其中的 α 螺旋和 β 折叠相互交替排列，被形象地比喻为三明治。铁氧还蛋白是一类含有四个铁原子和四个硫原子的铁硫簇蛋白，参与电子传递和催化氧化还原反应。劈裂 α/β 三明治结构单元维持了蛋白质结构的稳定性，提供了合适的环境用于催化反应。除此以外，果冻卷 (jelly-roll) 等常见的折叠类型均在蛋白质功能中发挥着重要作用[8]。

表 2.3 蛋白质中常见的折叠类型

名称	折叠类型	举例
α/β 双缠绕	主要为平行片层，螺旋分列两边	腺苷酸激酶
TIM 桶	8 个 β 束封闭圆柱，螺旋相连	磷酸甘油醛异构酶
劈裂 α/β 三明治	反平行片层，螺旋位于一侧	4Fe-4S 铁氧还蛋白
免疫球蛋白	β 三明治	免疫球蛋白、受体结构域
α 上下折叠	—	TMV 病毒包被蛋白
球蛋白	两层非平行螺旋	血红蛋白、藻青蛋白
果冻卷	β 三明治	肿瘤坏死因子、病毒包被蛋白

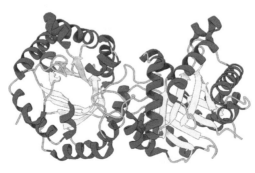

图 2.13 常见折叠结构示意图，TIM 桶折叠 (磷酸甘油醛异构酶)(PDB ID: 1YPI)[6]

2.4 蛋白质三级结构

蛋白质二级结构单元通过无规卷曲和相互作用连接构成蛋白质三级结构。蛋白质三级结构模式多样性较为丰富，可以行使不同的生物学功能。例如，常见的蛋白质三级结构中有螺旋堆积结构、β 折叠结构和 α/β 结构等 (图 2.14，表 2.4)。

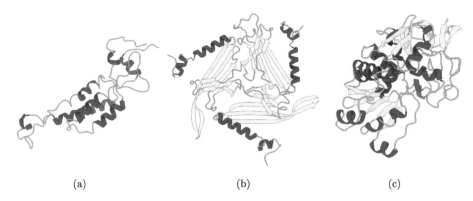

图 2.14 常见的蛋白质三级结构类型示意图

(a) 为螺旋堆积结构的烟草花叶病毒 (TMV) 的包被蛋白 (PDB ID：2TMV)[9]；(b) 为 β 折叠结构的噬菌体 MS2 包被蛋白 (PDB ID：2MS2)[10]；(c) 为 α/β 结构的乙醇脱氢酶的 NAD 结合蛋白 (PDB ID：1R37)[11]

α 螺旋的侧链会形成 "嵴"，螺旋堆积需要将一个螺旋的 "嵴" 置于其他螺旋 "嵴" 之间的沟槽中，限制了螺旋的堆积模式，螺旋轴之间的角度为 20° 或者 50°。"四螺旋束" 是一种常见的螺旋堆积类型，两对反平行的螺旋轴之间形成大约 20° 的角度堆积。β 折叠在蚕丝和蛛丝的丝心蛋白中含量丰富。β 折叠的肽段平行排列，相邻肽段之间通过氢键结合，形成了稳定的锯齿状片层结构。罗斯曼折叠由 βαβ 结构单元组成，基本的组成单元为两个平行 β 折叠与它们之间的连接螺旋，是蛋白质中的另一种常见结构。罗斯曼折叠首先在乳酸、马来酸及乙醇脱氢酶中被发现，其中六束平行片层构成这些蛋白质的结构核心。蛋白质折叠结构的多样性使蛋白质能够实现特定的功能，具有重要的生物学意义。

表 2.4 常见的蛋白质三级结构折叠类型

名称	结构特征	典型结构示例
螺旋堆积结构	螺旋轴之间的角度为 20° 或者 50°	烟草花叶病毒 (TMV) 的包被蛋白 [9]
β 折叠结构	伸展的多肽链组成	噬菌体 MS2 包被蛋白 [10]
α/β 结构	α 螺旋包裹，以平行 β 链为主	乙醇脱氢酶的 NAD 结合蛋白 [11]
同源二聚体	两个相同的蛋白质单体组成	大蒜植物凝集素蛋白 [12]
异源二聚体	两个不同的蛋白质单体组成	CDK4/CyclinD 蛋白 [13]
多聚体	多个相同或不同的蛋白质单体组成	CDK4/CyclinD/P27 蛋白 [14]

2.5 稳定蛋白质结构的物理相互作用

蛋白质单体结构通过静电力和范德瓦耳斯力等相互作用形成复合物结构，包括同源二聚体结构、异源二聚体结构和多聚体结构等。同源二聚体是指由两个相同的亚基通过氢键、范德瓦耳斯力等非共价相互作用形成的蛋白质复合物，通常具有旋转对称性或镜像对称性。同源二聚体可以通过亚基之间的结合方式和相对位置的变化来实现不同的功能调控。例如，图 2.15 中的大蒜植物凝集素是从大蒜中提取的一种同源二聚体。大蒜植物凝集素单体由约 250 个氨基酸组成，二聚体结合界面主要由两个区域组成，N 端区域包含 α 螺旋和 β 折叠。异源二聚体是由两个不同亚基组成的蛋白质复合物，每个亚基负责不同的功能，亚基间通过相互作用来实现功能的协同调控，以提高效率和特异性。例如，图 2.15 中的 CDK4/CyclinD 为异源二聚体结构，细胞周期蛋白 CyclinD 主要与 CDK4 的 N 端和 C 端形成相互作用。多聚体是由三个或更多相同或不同的蛋白质亚基组成的复合物。例如，图 2.15 中的 CDK4/CyclinD/P27 为多聚体结构，p27 与 CDK4/CyclinD 的两个区域形成相互作用，CDK4 和 CyclinD 通过 α 螺旋连接，约束 CyclinD 和 CDK4 激酶 N 端结构域 [13,14]。

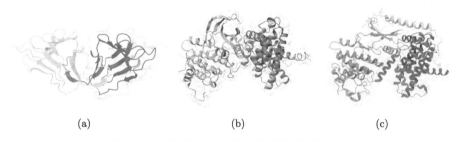

图 2.15 常见的蛋白质复合物结构类型示意图

(a) 为同源二聚体结构的大蒜植物凝集素蛋白 (PDB ID：1KJ1)[12]；(b) 为异源二聚体结构的 CDK4/CyclinD 蛋白 (PDB ID：2W96)[13]；(c) 为多聚体结构的 CDK4/CyclinD/P27 蛋白 (PDB ID：6P8E)[14]

2.5 稳定蛋白质结构的物理相互作用

2.5.1 共价键

共价键是生物分子中由原子间共享电子对实现的常见化学键。键的强度可以通过键能来评估，有时这也被称为键的解离能，其数值为将 1mol 的特定化学键打开所需要的能量。键能通常在 160~1100kJ/mol 变化，这取决于原子间的成键个数，如 N_2 具有 942kJ/mol 的键能，而 F_2 具有 155kJ/mol 的键能。在特定体系中，键能具有随原子数变化而变化的趋势。例如，在同族元素中键能通常随着原子数的增加而减弱，如 HF>HCl>HBr>H。如同键长一样，相同原子间的键能在不同化合物中比较一致 (通常变化在 10% 以内),可以通过测量一系列的化合物键能得到平均键能。

2.5.2 静电相互作用

静电相互作用通常由蛋白质分子中带电氨基酸间电荷的吸引或排斥产生,在蛋白质的折叠、稳定中起着重要的作用。两个带相反电荷的残基靠近会产生吸引力,两个带同性电荷的残基靠近会产生排斥力。例如,赖氨酸残基 (正电荷) 与谷氨酸或天冬酸残基 (负电荷) 相互吸引,两个赖氨酸残基会互相排斥。静电相互作用可以帮助蛋白质在不同区域相互吸引并形成稳定的结构域,还能与其他分子结合从而调控其功能。静电相互作用的公式为

$$F = k\frac{q_1 q_2}{r^2} \tag{2.1}$$

其中,F 为相互作用力;k 为库仑常量 ($8.99 \times 10^9 \mathrm{N \cdot m^2/C^2}$);$q_1$、$q_2$ 为电荷的电量;r 为两个电荷之间的距离。

甘氨酸是最简单的氨基酸之一,其化学结构包括一个氨基 (—NH_2)、一个羧基 (—COOH) 和一个甲基 (—CH_2)。甘氨酸的带电量取决于溶液的 pH,在不同的 pH 条件下,甘氨酸的羧基和氨基基团会处于不同的离子化状态,从而影响其带电量。当蛋白质溶液处于某一 pH 时,蛋白质解离成正负离子的趋势相等,形成净电荷为零的中性离子,此时溶液的 pH 称为蛋白质的等电点。甘氨酸的等电点是其在溶液中呈中性电荷状态的 pH,pH≈5.97。甘氨酸-甘氨酸之间形成的静电相互作用会阻止两者靠近,当距离大于 8Å 时,静电相互作用会变得非常弱。

2.5.3 极性相互作用

氢键是蛋白质分子中常见的极性相互作用,由氨基酸侧链上的氢原子与其他氨基酸侧链或肽链的氧原子或氮原子形成。氢键对于蛋白质的 α 螺旋和 β 折叠二级结构单元的形成与稳定非常重要。蛋白质结构域之间的氢键可以稳定蛋白质整体的三级结构。氢键还有助于蛋白质-配体之间的识别与结合。氢键相互作用的公式为

$$E = -k\left(1 - \frac{r}{r_0}\right)^2 \tag{2.2}$$

其中,E 为氢键能量;k 为弹性常量;r 为实际氢键的长度;r_0 为氢键的平衡长度。氢键的键长约为 2.8Å,生成焓约是 20kJ/mol,强度较弱,稳定性随着环境的 pH 或温度变化有较大影响。

2.5.4 非极性相互作用

范德瓦耳斯力是常见的非极性相互作用,范德瓦耳斯力可以促进蛋白质折叠的紧密堆积,也可以调节蛋白质与配体间的结合模式 (图 2.16)。范德瓦耳斯吸引

2.5 稳定蛋白质结构的物理相互作用

力通常用下面的势能函数来描述：

$$E_{\text{rec}} = -\frac{C_6}{r^6} \tag{2.3}$$

其中，E_{rec} 是范德瓦耳斯吸引力势能；C_6 是吸引力系数；r 是两个分子之间的距离。范德瓦耳斯斥力的势能函数为

$$E_{\text{disp}} = -\frac{C_{12}}{r^{12}} \tag{2.4}$$

其中，E_{disp} 是范德瓦耳斯斥力的势能；C_{12} 是斥力系数。范德瓦耳斯力比共价键弱，但累加起来有较强的相互作用。

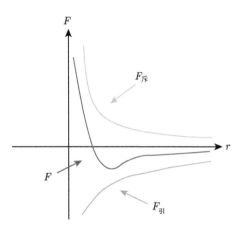

图 2.16 范德瓦耳斯力示意图

2.5.5 金属离子作用

金属离子与蛋白质的自组装和分子识别等生物学功能密切相关。金属离子可以中和生物分子中的电荷，增加结构的稳定性。例如，镁离子可以中和核酸分子主链的负电荷，减弱核酸链之间的静电斥力。金属离子可以与两个或多个蛋白质残基形成金属离子桥，维持蛋白质特定的折叠状态。例如，锌指蛋白中的锌离子可以与半胱氨酸和组氨酸等形成配位键，稳定蛋白质与 DNA 的结合。铁离子与硫原子形成铁硫簇结构，有助于辅酶 B12 等蛋白的催化反应。金属离子可以参与蛋白质特定结构域的相互作用，提供额外的稳定性。例如，血红蛋白是一种四聚体蛋白质，铁离子稳定了血红蛋白亚基的空间构型，以便于氧气的结合和释放。金属离子还可以作为辅助因子参与催化反应。例如，锌离子参与碳酸酐酶催化水分子和二氧化碳的反应，生成碳酸根离子和氢离子 (图 2.17)。

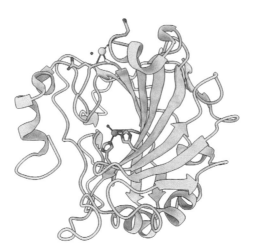

图 2.17 含锌碳酸酐酶结构图 (PDB ID：1FQL)

2.5.6 水分子相互作用

在细胞内，蛋白质通常以溶解态存在。生物分子为了减少暴露在水中的非极性表面积，倾向于与非极性残基结合并包埋于分子内部。水分子通过包围蛋白质的氨基酸残基和蛋白质的极性区域，形成一个水合层，保持蛋白质的溶解状态。在蛋白质折叠过程中，疏水侧链倾向于聚集在一起以尽可能地减少与水分子的接触，形成疏水核并促进蛋白质的折叠与稳定。在蛋白质的折叠、结构转变和功能调控过程中，水分子会参与蛋白质的氢键相互作用网络，帮助蛋白质在不同构象之间进行转换。水分子还可以通过水解反应参与蛋白质的降解和代谢过程，与蛋白质的协同作用使蛋白质能够在复杂的细胞环境中发挥其生物学功能。

2.6 小　　结

蛋白质分子是生命有机体的核心分子，通过氨基酸之间脱水缩合形成多肽链并折叠成功能态三维结构。螺旋结构和 β 折叠结构是常见的蛋白质二级结构单元，通过无规卷曲和相互作用连接构成稳定的蛋白质三级结构。静电相互作用、极性相互作用、非极性相互作用和水分子的协同作用有助于蛋白质行使精确的生物学功能。

2.7 课 后 练 习

习题 1 常见的 20 种氨基酸共分为哪些类型？描述它们的物理性质。

习题 2 蛋白质主链形成的具体步骤是什么？描述主链旋转角的分布规律。

习题 3 蛋白质二级结构单元的螺旋单元有哪些？描述它们的结构特征。

习题 4 蛋白质二级结构单元的 β 折叠单元有哪些？描述它们的结构特征。

习题 5 蛋白质三级结构中有哪些常见的折叠结构类型？举例说明由蛋白质三级结构错误折叠所诱导的疾病。

习题 6 稳定蛋白质三级结构的物理相互作用有哪些？描述它们的物理性质。

延 展 阅 读

结构生物学诞生于 1958 年约翰·肯德鲁 (John Kendrew) 的肌红蛋白原子结构研究，在接下来的十年中迅速发展。1970 年初，科学家已通过实验测定出了十几种蛋白质分子的结构信息。在互联网出现之前，研究人员很难与世界各地的结构生物学家共享蛋白质的实验结构信息。1971 年，沃尔特·哈密顿 (Walter Hamilton) 在布鲁克海文国家实验室建立了美国蛋白质结构数据库 PDB 存储和分享生物大分子 (蛋白质、DNA 和 RNA) 的实验三维结构数据，最初仅有 7 个结构数据。结构生物信息学研究合作组织 (RCSB) 于 1998 年负责 PDB 的管理。2003 年，全球蛋白质数据库成立，共同维护和分享生物大分子结构数据。RCSB PDB 是美国蛋白质结构数据库 (www.rcsb.org)，是目前全球领先的蛋白质结构科学发现实验数据资源，该数据库存储了生物大分子 (蛋白质、DNA 和 RNA) 的实验三维结构数据[15,16]。

图 2.18 是 RCSB PDB 每年发布的蛋白质结构数据，截至 2024 年 4 月 2 日共有 217705 个生物大分子结构数据，近三年分别发布 14479 个 (2023 年)、14267 个 (2022 年) 和 12574 个 (2021 年) 蛋白质结构数据。存储在 PDB 中的大量结构数据为我们对蛋白质结构的理解提供了重要线索，使科研人员在利用人工智能方法预

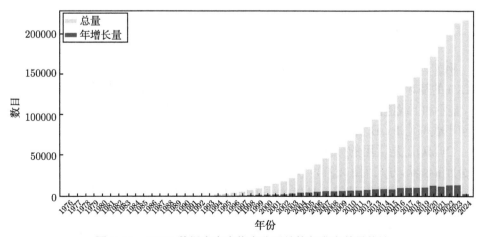

图 2.18　PDB 数据库中生物大分子结构年发布数量统计

其中深蓝色表示每年发布的结构数量，浅蓝色表示总共发布的结构数量

测蛋白质结构方面取得了重大突破。研究人员还可以通过实验测定的生物大分子结构信息了解生物大分子在人类疾病中的发生发展机理，在植物病虫害防护中的作用，在食品安全和能源生产中的功能，有助于生物学、健康、能源和生物技术等的教育与研究。

PDB 结构数据有两种基本搜索操作模式 (图 2.19)。"3D 结构"模式可用于搜索分子的实验结构和计算结构模型，"文档"模式可用于搜索文本描述、网站功能说明、学术论文等信息。默认的"3D 结构"模式可快速启动基于文本的生物分子结构、配体搜索或基于序列的搜索并查找匹配项。搜索信息可以是目标结构 ID(如 PDB ID)、基因序列 (如 GenBank ID)、蛋白质序列 (如 FASTA) 和分子结构 (如 BIRD 分子 ID) 等。

图 2.19　PDB 数据库搜索与功能模块

例如，在数据库的搜索框中搜索 1KX5(核小体结构)，在搜索结果页面可以看到 1KX5 的基本信息以及实验细节 (图 2.20)，如 PDB ID、结构类别、所属种群、实验细节、显示和下载链接等。在搜索结果页面的 "Download Files" 下选择 "PDB Format" 即可下载得到 PDB 文件，利用 PyMOL 查看相应 PDB 文件的分子结构信息。

PyMOL 是常用的分子结构显示软件，可以通过 PyMOL 的菜单或命令行控制分子的显示方式 (图 2.21)。例如，设置背景颜色、调整分子的视角、隐藏或显示特定的氨基酸或核苷酸等。具体为：①使用鼠标来旋转、移动和缩放分子的视角。②通过菜单栏中的 "Display" 菜单来设置背景颜色。③通过菜单栏中的 "Action" 菜单来隐藏或显示特定氨基酸或核苷酸。④通过菜单栏中的 "Display" 菜单来调整分子的透明度。⑤通过菜单栏中的 "Action" 菜单来显示分子结构表面。

延展阅读

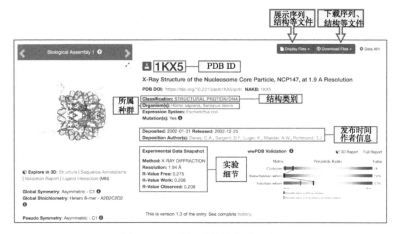

图 2.20　蛋白质结构信息示例

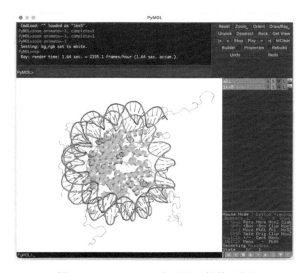

图 2.21　PyMOL 分子显示软件示例

PyMOL 还可以使用命令编辑生物分子的显示，常用命令为：

```
select selection_name,resi 10-20      #选择编号为10到20之间的残基
show cartoon,selection_name           #显示选择的部分的卡通样式表示
hide lines,selection_name             #隐藏选择的部分的线条表示
show sphere,selection_name            #将选择的部分以球状表示
show sticks,selection_name            #将选择的部分以棍状表示
show cartoon                          #使用卡通样式表示蛋白质二级结构
set cartoon_transparency,0.5          #设置卡通样式的透明度
```

```
color red,selection_name              #将选择的部分设置为红色
rotate x,45                           #沿x轴旋转45度
save filename.pdb,selection_name      #将选择的部分保存为 PDB 文件
save filename.png                     #将当前视图保存为 PNG 图像文件
show surface                          #显示分子表面
set surface_color,electrostatic       #将表面颜色设置为电荷分布
mdopen trajectory.dcd,topology.pdb    #打开分子动力学模拟文件
mdo movie,state=1,format=mp4          #创建动画,指定状态和输出格式
ray 800,600                           #渲染高质量的图像
png image.png                         #将当前视图保存为 PNG 图像文件
```

参考文献

[1] Hua Q X, Gozani S N, Chance R E, et al. Structure of a protein in a kinetic trap[J]. Nat Struct Biol, 1995, 2: 129-138.

[2] Al-Karadaghi S, Cedergren-Zeppezauer E S, Hovmoller S. Refined crystal structure of liver alcohol dehydrogenase-NADH complex at 1.8Å resolution[J]. Acta Crystallogr D Biol Crystallogr, 1994, 50: 793-807.

[3] Fullerton S W, Griffiths J S, Merkel A B, et al. Mechanism of the Class I KDPG aldolase[J]. Bioorg Med Chem, 2006, 14: 3002-3010.

[4] Hohmann U, Nicolet J, Moretti A, et al. The SERK3 elongated allele defines a role for BIR ectodomains in brassinosteroid signalling[J]. Nat Plants, 2018, 4: 345-351.

[5] Feng J W, Xu S Y, Feng R R, et al. Identification and structural analysis of a thermophilic β-1,3-glucanase from compost[J]. Bioresources and Bioprocessing, 2021, 8: 102.

[6] Lolis E, Alber T, Davenport R C, et al. Structure of yeast triosephosphate isomerase at 1.9Å resolution[J]. Biochemistry, 1990, 29: 6609-6618.

[7] Wild K, Grafmuller R, Wagner E, et al. Structure, catalysis and supramolecular assembly of adenylate kinase from maize[J]. Eur J Biochem, 1997, 250: 326-331.

[8] Frazao C, Aragao D, Coelho R, et al. Crystallographic analysis of the intact metal centres [3Fe-4S](1+/0) and [4Fe-4S](2+/1+) in a Zn(2+)-containing ferredoxin[J]. FEBS Lett, 2008, 582: 763-767.

[9] Namba K, Pattanayek R, Stubbs G. Visualization of protein-nucleic acid interactions in a virus. Refined structure of intact tobacco mosaic virus at 2.9Å resolution by X-ray fiber diffraction[J]. J Mol Biol, 1989, 208: 307-325.

[10] Golmohammadi R, Valegard K, Fridborg K, et al. The refined structure of bacteriophage MS2 at 2.8Å resolution[J]. J Mol Biol, 1993, 234: 620-639.

[11] Esposito L, Bruno I, Sica F, et al. Crystal structure of a ternary complex of the alcohol dehydrogenase from *Sulfolobus solfataricus*[J]. Biochemistry, 2003, 42: 14397-14407.

[12] Ramachandraiah G, Chandra N R, Surolia A, et al. Re-refinement using reprocessed data to improve the quality of the structure: a case study involving garlic lectin[J]. Acta

Crystallogr D: Biol Crystallogr, 2002, 58: 414-420.

[13] Day P J, Cleasby A, Tickle I J, et al. Crystal structure of human CDK4 in complex with a D-type cyclin[J]. Proc Natl Acad Sci U S A, 2009, 106: 4166-4170.

[14] Guiley K Z, Stevenson J W, Lou K, et al. p27 allosterically activates cyclin-dependent kinase 4 and antagonizes palbociclib inhibition[J]. Science, 2019, 366.

[15] Berman H M, Westbrook J, Feng Z, et al. The protein data bank[J]. Nucleic Acids Res, 2000, 28: 235-242.

[16] ww PDBc. Protein Data Bank: the single global archive for 3D macromolecular structure data[J]. Nucleic Acids Res, 2019, 47: D520-D528.

第 3 章 核酸分子结构

核酸分子是生命有机体中存储遗传信息的核心分子 (图 3.1)，存储在核酸序列中的遗传信息通过翻译成蛋白质行使生物学功能。RNA 分子也可以存储遗传信息，并参与复制、转录和调控等过程。理解核酸分子的结构信息十分重要，本章中我们将讨论核酸分子的结构特征和物理基础。

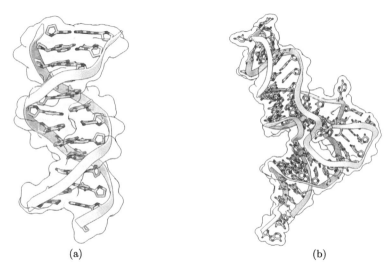

图 3.1 核酸结构示意图
(a) 为 DNA 结构 (PDB ID：3K5N)[1]；(b) 为 tRNA 结构 (PDB ID：1IVS)[2]

3.1 主 链 结 构

DNA 和 RNA 都是分子聚合物，构建模块的基本结构单元为核苷酸。核苷酸由脱氧核糖或核糖 (图 3.2)、磷酸基团和碱基组成。DNA 中存在的是脱氧核糖，RNA 中存在的是核糖，核糖和脱氧核糖的区别在于后者在 2′ 端没有羟基。核酸分子可以通过氢键相互作用形成碱基配对，从而形成螺旋结构。DNA 分子大部分都为双螺旋结构，RNA 分子可以由单链形成碱基配对与螺旋结构单元。

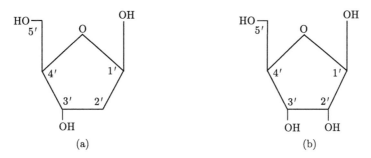

图 3.2 (a) 脱氧核糖和 (b) 核糖结构示意图

核酸结构主链由核糖核酸的磷酸基团和下一个核糖核酸糖基团 3′-羟基连接形成。核酸主链结构的自由度较大，由 α、β、γ、δ、ε、ξ 和 χ 角度构成，柔性较强。例如，图 3.3 为 DNA 主链骨架结构，环状结构是 DNA 的脱氧核糖单元，连续的脱氧核糖结构单元通过磷酸基团连接，形成"糖–磷酸"的主链结构。

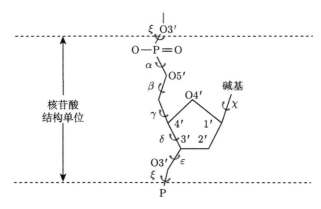

图 3.3 DNA 主链骨架结构示意图

3.2 碱基与配对

DNA 是由核苷酸单元组成的线性聚合物。DNA 的碱基通过糖基连接到脱氧核糖，分别为腺嘌呤 (A)、胸腺嘧啶 (T)、鸟嘌呤 (G) 和胞嘧啶 (C)(图 3.4)。RNA 的碱基通过糖基连接到核糖，碱基单元分别为腺嘌呤 (A)、鸟嘌呤 (G)、胞嘧啶 (C) 和尿嘧啶 (U)。核酸结构中 DNA 和 RNA 碱基中的腺嘌呤、鸟嘌呤和胞嘧啶完全相同，RNA 采用尿嘧啶代替了胸腺嘧啶，多一个甲基基团。RNA 中的尿嘧啶容易发生化学降解，导致信息传递不稳定，DNA 采用胸腺嘧啶有利于遗传信息的存储。

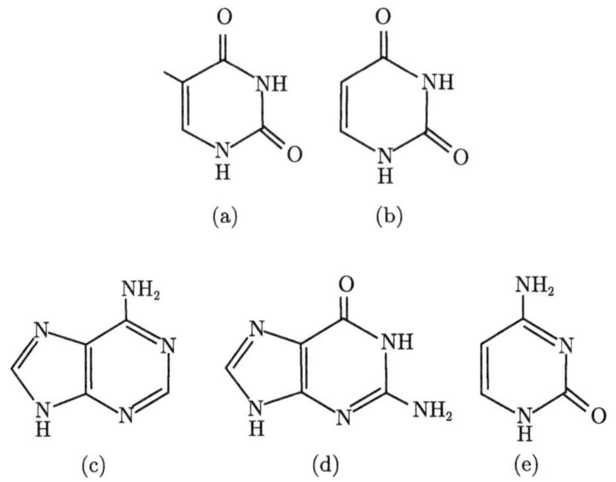

图 3.4 碱基结构示意图

(a) 胸腺嘧啶 (T); (b) 尿嘧啶 (U); (c) 腺嘌呤 (A); (d) 鸟嘌呤 (G); (e) 胞嘧啶 (C)

DNA 碱基配对有利于 DNA 双螺旋结构的形成与稳定，DNA 中常见的标准碱基配对有两种，分别为 C-G 和 A-T 碱基配对。标准的 C-G 碱基配对会形成三个氢键，比 DNA 中的双氢键 A-T 碱基配对与 RNA 中的双氢键 A-U 碱基配对更加稳定 (图 3.5)。

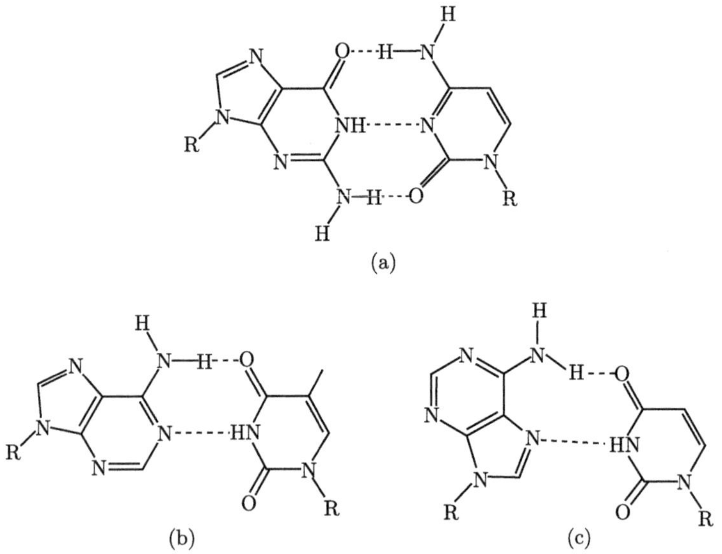

图 3.5 核酸的碱基配对结构示意图，核糖由 R 表示

(a) G-C 碱基配对; (b) A-T 碱基配对; (c) A-U 碱基配对

除了上述提到的标准碱基配对外，G-U 碱基配对也是核酸结构中常见的碱基配对，常出现在 RNA 的功能态结构中 (图 3.6)。例如，G-U 碱基配对有助于维持 tRNA 的功能态结构，以便其正确地与氨基酸和 mRNA 上的密码子相互作用，参与蛋白质的合成。

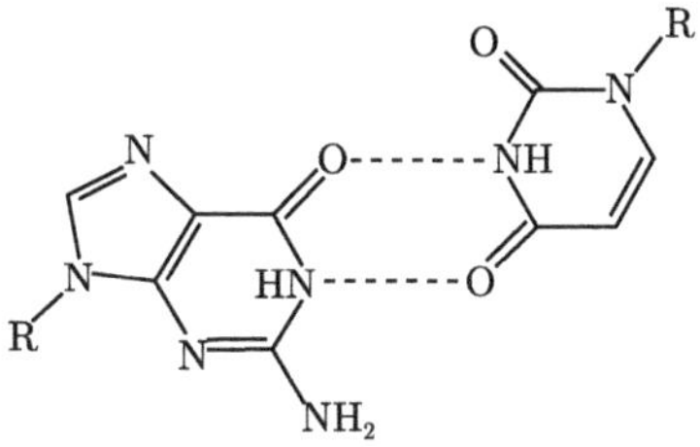

图 3.6　RNA 中 G-U 碱基配对结构示意图

3.3　螺旋与柔性

在碱基配对中，嘌呤与嘧啶参与碱基配对的侧面是确定的。其中，嘌呤有三个侧面 [Watson-Crick(WC)、Hoogsteen(H) 和 Sugar(S) 侧面]，而嘧啶只有两个侧面 (图 3.7) [Watson-Crick(WC) 和 Hoogsteen(H) 侧面]。由此，碱基对可以由其参与配对的侧面来进行分类。例如，若嘌呤参与配对的侧面为 WC 面，则其可能有 WC/WC、WC/H 配对，这是标准的碱基配对。由此，组合嘌呤的三个侧面与碱基的两个侧面进行配对，就有 6 种配对方式。除此之外，在实际中我们还需要考虑平行与反平行链下的不同情况，则一共有 12 种不同的组合。

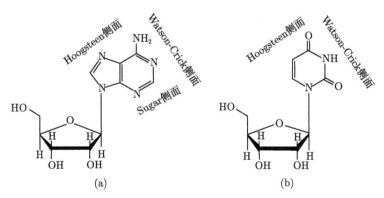

图 3.7　碱基配对中嘌呤 (a) 和嘧啶 (b) 中侧面的含义

核酸的双螺旋结构受蛋白质和离子等的影响，有 A-form、B-form 和 Z-form 三种螺旋结构。常见的螺旋结构主要是 A-form 和 B-form 螺旋，常见于 RNA-DNA 杂交、DNA-RNA 双链和大多数 DNA 螺旋中 (图 3.8)。如表 3.1 所示，A-form 螺旋呈右旋扭曲，每转 10 个碱基对形成一个大的主沟，碱基对是倾斜或偏离垂直轴线，导致主沟变窄而浅，副沟变宽而深。B-form 螺旋是较为扁平的形状，呈右旋螺旋，碱基对则更接近垂直轴线，主沟与副沟的差异较小。Z-form 螺旋上升快速、扭曲较大，常见于一些特殊的 DNA 序列。

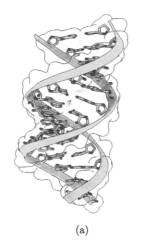
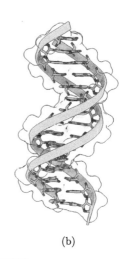

(a)   (b)

图 3.8   两种螺旋结构示意图
(a) A-form 结构 (序列为 AUCCGAUUUUCGCCA)；
(b) B-form 结构 (序列为 AUCCCGUAUUCGGAC)

表 3.1   核酸螺旋特征

	A-form	B-form	Z-form
每单位螺旋的上升距离/Å	2.548	3.375	7.275
每单位螺旋的扭转角/(°)	32.7	36.0	−60.0
每单位螺旋的碱基对数	1	1	2
糖基键构象	反式	反式	嘧啶为反式，嘌呤为顺式
直径/Å	~26	~10.5	~12
每个螺旋周转的碱基对数	11	10.5	12
每碱基对的螺旋上升距离/Å	2.6	3.4	3.7
螺旋轴/(°)	20	6	7
螺旋方向	右手螺旋	右手螺旋	左手螺旋

在水溶液中，DNA 螺旋结构是由两条互补的链以螺旋形式相互缠绕而成，在室温下一般以 B-form 螺旋形式出现。在适当的相对湿度下，DNA 双螺旋会转变为 A-form 的螺旋形式，螺旋–螺旋相互作用更加浓缩和稳定。Z-form 螺旋的压

缩性较低，出现概率较低。当温度升高时，螺旋将经受一个螺旋卷曲转变的过程，DNA 分子将变成无规律的卷曲构型 (图 3.9)。DNA 的螺旋结构在外部因素的作用下会在特定区域发生扰动和变形。扰动有助于 DNA 的特定区域与蛋白质、其他分子或 RNA 发生特异性相互作用。DNA 的自组织特征与碱基对的特异性、氢键的形成以及分子间相互吸引有关。在适当的条件下，DNA 分子能够自发地形成其特有的结构，DNA 的螺旋结构是由一系列精确的相互作用和物理化学过程控制的，这些过程在生物体内确保了 DNA 的稳定性、复制准确性和功能性。例如，解旋不多时，DNA 会重新形成稳定的双螺旋结构，否则 DNA 将不可逆地变成无规卷曲结构。

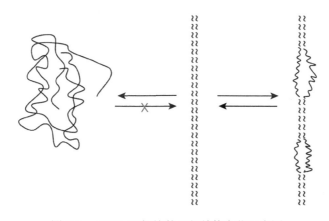

图 3.9　DNA 双螺旋的局部结构变化示意图

3.4　RNA 结构

3.4.1　RNA 与 DNA 结构的不同

RNA 与 DNA 在结构上有明显的差异。从化学结构的角度看，RNA 与 DNA 的核糖结构不同。RNA 使用核糖代替了 DNA 中的脱氧核糖结构，两者的区别是脱氧核糖缺少一个氧原子，而核糖具有一个额外的羟基 (图 3.2)。另外，RNA 使用尿嘧啶代替了 DNA 中的胸腺嘧啶结构，多一个甲基基团，有利于参与化学修饰等反应。从结构的角度看，DNA 的两条链通过氢键相互作用形成互补的稳定双链结构，有利于存储遗传信息。RNA 通常以单链形式存在，有利于折叠成不同的功能态结构。

真核细胞中，DNA 双链与组蛋白形成染色质结构。核小体是染色质的基本结构单位，核小体结构包含 DNA(约为 150 个碱基对) 和组蛋白 (H2A、H2B、H3 和 H4) 形成的蛋白质聚合物，双链 DNA 大约在组蛋白上缠绕两圈

(图 3.10)。DNA 在核小体中紧密地缠绕与结合，使得长链 DNA 分子可以被有效地存储，从而更加紧凑与高效地实现 DNA 的存储功能。核小体会进一步组装成更高级的染色质结构，确保了遗传信息的准确传递。而染色质结构的形成对基因表达的调控至关重要，通过调节染色质的结构，细胞可以实现基因的激活或抑制[3]。

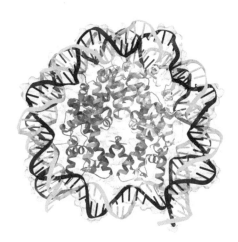

图 3.10　含 H3 的人核小体的晶体结构 (PDB ID：5GT3)[3]

RNA 在细胞中比 DNA 有更多的生物学功能[4]。例如，rRNA 是核糖体的组成部分，是细胞中蛋白质合成的主要结构，支持和催化氨基酸的组装。mRNA 通过核糖体等细胞器的介导，将其携带的遗传信息转化为蛋白质。tRNA 负责将氨基酸运输到核糖体中，并将其按照 mRNA 上的遗传密码以特定的顺序形成正确的蛋白质序列。除此以外，siRNA 和 miRNA 参与基因表达调控，并在细胞中沉默或降解特定的 mRNA 分子，从而影响相关基因的表达。

3.4.2　RNA 结构模体

RNA 二级结构可以用"点–括号"模型表示，即用与 RNA 序列等长的点–括号符号表示二级结构。如果碱基对在碱基 i 和碱基 j 之间形成配对，则分别用左括号 "(" 和右括号 ")" 表示配对结构，未参与配对的碱基用点 "." 表示。例如，图 3.11 所示为 RNA 的发卡结构，序列为 "UUUAAUCCUAUGGUUUGAUGAAAGG"，二级结构为 "((((···((((·····))))···))))"。下面我们介绍一下常见的 RNA 二级结构类型。

3.4 RNA 结构

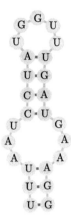

图 3.11 典型的 RNA 发卡结构示意图

发卡结构是由 RNA 链上的碱基序列反向配对而形成的稳定茎-环结构,常出现在 tRNA、rRNA 和 mRNA 等 RNA 分子中。图 3.12 为 RNA 的发卡结构,茎区均由三个 U-A 碱基配对组成,发卡环依次由三个 (AUU)、四个 (AUAU) 和五个 (AUCAU) 未配对的碱基组成。发卡环未配对的碱基可与其他结构单元相互作用并稳定 RNA 分子结构,也可与小分子或蛋白质相互作用行使特定的功能。

图 3.12 RNA 发卡环结构示意图

内环结构是由 RNA 两个茎区之间未配对碱基形成的非螺旋区域,常形成矩形或者菱形的独特结构。例如,图 3.13 所示内环结构的两个非螺旋区域均为 3 个

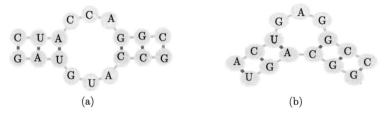

(a) (b)

图 3.13 RNA(a) 内环结构与 (b) 凸环结构示意图

未配对碱基。当只有一条链形成非螺旋区域时会形成独特的凸环结构。凸环结构通常由一个或多个未配对的碱基形成，使得 RNA 链在该区域上相对于周围区域向外突出，改变 RNA 螺旋的弯曲度和方向。

K-转向 (kink-turn) 结构是一种常见的 RNA 二级结构单元，如图 3.14 所示，这是一个反对称的内部环，在糖-磷酸骨架上具有一个扭结特征，使 RNA 在螺旋上形成一个急转弯。弯曲出现在浅沟边，使两个毗邻的浅沟对接到了一起。其中一个螺旋含有 Watson-Crick 碱基对，另一个螺旋含有不规则的碱基配对。K-转向一部分含有两个 CG 碱基对，另一部分含有两个 AG 碱基对，随后是两个 Watson-Crick 碱基对。扭结一般在一条链上含有三个碱基，它们不是成对的碱基。

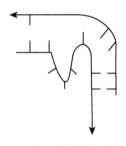

图 3.14　RNA 中 K-转向的二级结构示意图

假结结构是一种特殊的 RNA 二级结构单元，一个单链上的碱基与该单链或另一个单链上的碱基通过非连续的碱基配对相互关联，产生结构上的交错和嵌套，假结结构的"点-括号"模型需要引入中括号"[]"来表示交错和嵌套的碱基配对。例如，图 3.15 中假结结构示意图的点括号模型表示为 "((((·(((·········· ···[[[[[[[[))))·)))·····]]·]]]]]]"，中括号表示嵌套的碱基配对。

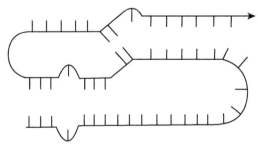

图 3.15　RNA 假结结构示意图

tRNA 是中心法则中发挥关键作用的 RNA 分子，是由 70~90 个核苷酸折叠形成的三叶草型结构，3 个发卡结构和一个茎区结构通过多分支环连接 (图 3.16)。tRNA 具有高度保守且稳定的三级结构，由单链上两个反向互补区域以及一个被称为"TψC 环"的特定序列组成。tRNA 的 3' 端可以在氨酰 tRNA 合成酶催化下结合特定的氨基酸,通过自身的反密码子识别 mRNA 密码子,然后将对应的氨基酸转运至核糖体合成多肽链。

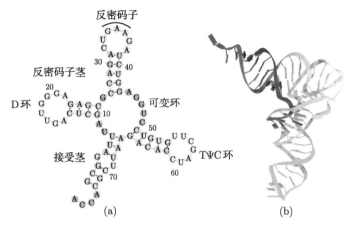

图 3.16 tRNA 的结构示意图

该 tRNA 由 3 个发卡结构和一个茎区结构通过多分支环连接构成。(a) tRNA 分子的二级结构示意图;(b) tRNA 分子的三级结构示意图

3.5 核酸-蛋白质复合物

锌指蛋白通过肽链中氨基酸残基的特征基团与锌离子结合,并可自我折叠成"手指"形状的蛋白质结构,通常具有与 DNA 结合的能力。例如,图 3.17 所示的锌指蛋白复合物是由锌指蛋白与 DNA 序列 "TTTGCAGAATCGATTCTGCA" 结合所形成。该复合物中锌离子与 C 链中的半胱氨酸残基 (Cys) 与组氨酸 (His) 相结合,残基围绕着锌离子并稳定蛋白的结构。该锌指蛋白可与靶基因的启动子结合,调控蛋白的功能[6]。

图 3.17 锌指蛋白复合物 (PDB ID:4F2J)[6]

红色小球代表锌离子,绿色为蛋白质分子,紫色为核酸分子

SBDS 是参与核糖体生物合成的蛋白质。图 3.18(a) 为 SBDS 三维结构示意图，该蛋白质由 β 折叠、α 螺旋以及无规卷曲组成。图 3.18(b) 为 SBDB 蛋白与 EFL1(Elongation Factor-Like 1) 及其他蛋白和 DNA 的复合物。SBDB 蛋白与 EFL1 结合，同时与 DNA 紧密结合，结构较为复杂，整体上不具有对称性。SBDB 与 EFL1 一同在细胞质中通过 GTP 依赖的机制协同作用，促使 EIF6(Eukaryotic Initiation Factor 6) 从核糖体中释放出来，从而激活核糖体进行翻译，并促进 EIF6 回收到细胞核，使其在 60S rRNA 的处理和核糖体的核外转运中发挥作用，在细胞应对 DNA 损伤、增殖，细胞应激抵抗和保持蛋白质合成的正常水平方面具有重要作用[7]。

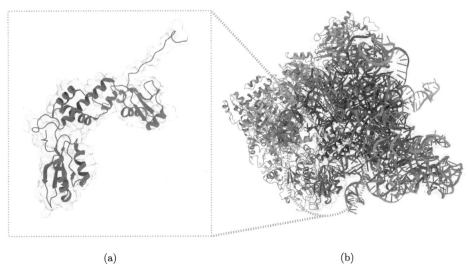

(a)　　　　　　　　　　　　　　(b)

图 3.18　(a) SBDS 结构图；(b) SBDB 的复合物 (PDB ID：5ANB)[7]

3.6　金属离子效应

RNA 分子与金属离子之间的相互作用对于 RNA 的结构、稳定性和功能具有重要影响。例如，细胞内的钠离子 (Na^+) 浓度较高。Na^+ 能够中和 RNA 分子中的负电荷，促进碱基配对及其他结构的稳定，Na^+ 还能与 RNA 中的磷酸基团形成离子对，降低静电排斥力。此外，Na^+ 可以促进 tRNA 和核糖体 RNA 等具有复杂二级结构 RNA 的正确折叠和维持其二级结构。如图 3.19 所示，该含有钠离子的蛋白质复合物是膜相关蛋白质复合物，类属钠依赖性碳酸氢盐转运家族，参与维持膜内外离子浓度的稳定的生理活动。此蛋白质复合物结构中包含三个 Na^+，Na^+ 与氨基酸的氧原子相结合，维持蛋白质复合物的稳定，使之能够进行正常的生理活动[8]。

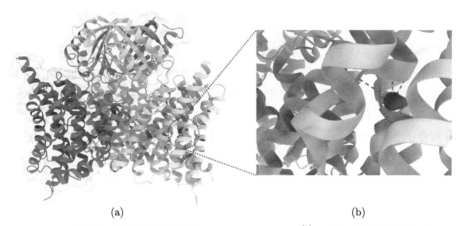

图 3.19 (a) 含有钠离子的蛋白质复合物 (PDB ID：7EGK)[8]，紫色小球代表钠离子；(b) 钠离子结合位点相互作用示意图

镁离子 (Mg^{2+}) 是细胞内丰富的金属离子之一。Mg^{2+} 能够与 RNA 中的磷酸基团形成桥连，增强碱基配对和其他结构的稳定性。与 Na^+ 相比，Mg^{2+} 具有更高的电荷密度和更多的配位位点，因此其桥连效应更为显著。Mg^{2+} 有助于 RNA 原生态的结构折叠，尤其是在转录后修饰和蛋白质配体结合之前。此外，Mg^{2+} 可以降低 RNA 催化活性位点的解离能，加快反应速率，并参与剪切反应和 RNA 编辑等生物学过程。如图 3.20 所示，该蛋白质-DNA 复合物包含 8 个 Mg^{2+}，位于 C 链上的 U1 小核糖核蛋白 A 是 U1 小核糖核蛋白颗粒 (snRNP) 的组成部分，对于识别前 mRNA 的 5′ 剪接位点以及随后的剪接体组装至关重要[9]。

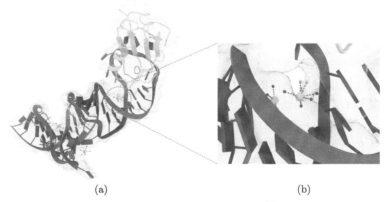

图 3.20 (a) 含有镁离子的蛋白质复合物 (PDB ID：7D7V)[9]，蓝色小球代表镁离子；(b) 镁离子的相互作用示意图

需要注意的是，不同金属离子对 RNA 的影响是复杂而多样的，受到许多因素的影响，包括离子浓度、具体配位环境、溶液条件等。此外，大多数 RNA 研究中使用的是生理条件下的 Na^+ 和 Mg^{2+} 浓度范围。离子在动力学模拟中扮演着屏蔽剂的角色，它们可以在溶液中与带电的生物分子相互作用，中和它们的电荷，从而减少静电相互作用的影响，有助于稳定体系并提高模拟结果的准确性。离子通过形成水合壳或自身之间的离子–离子相互作用来构建模拟中的溶液环境。它们与溶剂分子相互作用，以维持溶液的一致性，并对溶质分子的运动和相互作用产生影响。在涉及固–液界面的动力学模拟中，离子可以与固体表面相互作用，调节溶剂和固体之间的界面性质。离子还可以在某些动力学模拟中参与化学反应。例如，在生物大分子的催化反应中，离子可以作为辅助因子或共价配体，与底物相互作用，催化反应过程。因此，离子的存在会对溶液中分子的运动和动力学行为产生影响。它们可以通过电荷屏蔽、离子–溶剂和离子–离子相互作用等方式，改变分子的构象、自由能面和动态行为，从而影响模拟体系的动力学性质。适当地考虑离子的存在和相互作用对于准确模拟和解释生物分子系统的性质非常重要。

3.7 小　　结

本章主要介绍了核酸的结构和功能。核酸的基本结构单元是核苷酸，由脱氧核糖或核糖、磷酸基团和碱基组成。核酸分子可以通过碱基之间的氢键相互作用形成碱基配对，从而形成螺旋结构。碱基配对是核酸螺旋结构的关键组成部分，不同的碱基配对会影响螺旋结构的扭转特征。RNA 结构多样，有发卡环、内环、凸环、K-转向和假结等结构模体。RNA-蛋白质复合物有丰富的生物学功能。金属离子有助于核酸结构的稳定性、动力学折叠过程和功能实现。

3.8 课后练习

习题 1 核酸分子结构的基本组成单元是什么？为什么核酸分子比蛋白质分子更具有柔性？

习题 2 DNA 分子的组成与 RNA 分子的组成有什么主要区别？分别从化学角度和结构角度解释其主要区别和原因。

习题 3 描述碱基配对的主要特征，哪种碱基配对更加稳定。

习题 4 核酸螺旋结构有 A-form、B-form 和 Z-form 三种，描述三种不同螺旋的结构特征。

习题 5 RNA 分子主要的二级结构单元有哪些？

习题 6 举例说明 RNA-蛋白质复合物的结构特征与功能关系。

习题 7 使用 NAKB 下载一个核酸分子的 PDB 文件，记录该结构的 NAKB ID，使用 VMD 可视化此文件，并用鼠标操作实现：①滚动、旋转结构；②换用不同的显示样式，如卡通状、棍状等；③改变核苷酸的颜色，并显示它们的核苷酸名字。

延 展 阅 读

核酸序列数据库在生物科学和生物信息学领域中扮演着重要的角色。无论是基因组注释、生物多样性研究、功能预测和基因表达分析还是药物研发和疾病研究，核酸序列数据库为生物科学和生物信息学研究提供了宝贵的资源，可以帮助研究人员理解生物的遗传信息、功能和进化关系，推动生物医学研究和药物研发的进展。NAKB(Nucleic Acid Knowledgebase) 数据库 (https://www.nakb.org/) 是在由罗格斯大学的 Helen M. Berman、罗格斯大学的 Wilma K. Olson 和卫斯理大学的 David Beveridge 于 1992 年创立的 NDB(Nucleic Acid Database) 数据库基础上开发的综合性核酸结构数据库，致力于收集、储存和提供有关生物核酸 (DNA 和 RNA) 结构。NAKB 数据库获取各种来源的生物核酸结构解析数据，包括实验室测定的结构以及从其他数据库中收集的结构信息 (图 3.21)。NAKB 还与世界各地的研究机构合作，共享和整合新收到的结构数据，为科学界提供高质量的生物核酸结构数据并促进核酸结构研究[10]。

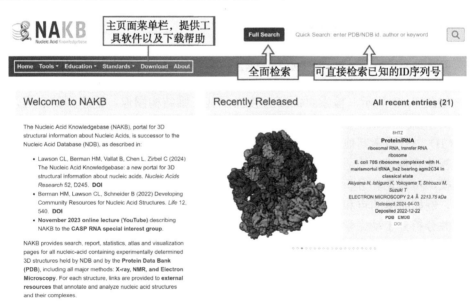

图 3.21 NAKB 数据库主页面

NAKB 数据库可以使用 PDB 或者 NAKB 的 ID 进行结构检索，还提供了高级检索功能 (图 3.22)。可以根据分子类型、配体大小、实验方法等特征对结构进行筛选。

图 3.22　NAKB 数据库高级检索

如图 3.23 所示，检索页面可直接显示其三维结构图像、链序列信息等，更详细的信息可通过下载其文件获得。也可以通过该结构在其他数据库的 ID，如 PDB ID 进行检索其他信息。下载的文件可通过 VMD、Pymol、UCSF Chimera 等可视化软件进行查看和操作。VMD 可以读取标准分子数据结构文件，用于分子建模、可视化和分析生物分子的常用程序。该程序提供了多种渲染方法为分子着色，例如简单的点和线，CPK 球体、圆柱体和卡通图等。VMD 还可用于制作动画并分析分子动力学的轨迹模拟。下面，我们以 PDB ID：8BAR 的分子为例，介绍 VMD 的使用方法。

延展阅读

图 3.23　检索结果图 (PDB ID：8BAR)

在 VMD Main 窗口中导入下载的文件 (图 3.24)，导入成功后，从 Display 窗口可查看具体的三维图像。

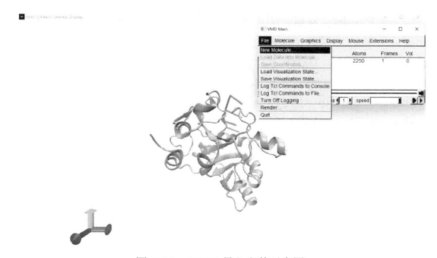

图 3.24　VMD 导入文件示意图

VMD 提供了多种绘图模型，其中包括但不限于以下几种主要的模型。
- 球棍模型：球棍模型通过使用球体表示原子或分子中的点，通过连接这些球体的线条来表示键，直观地展示分子的结构。
- 电荷模型：电荷模型显示原子或分子内部的正电荷和负电荷信息，通常使用彩色表示电荷密度的变化。
- 线模型：线模型将分子的键用线段表示，适用于表示较大的生物大分子，如蛋白质和核酸。
- 线框模型：线框模型仅显示原子或分子的外部轮廓，可以更好地突出分子的整体形状和结构。
- CPK 模型：CPK 模型使用不同的颜色和大小表示原子的类型和尺寸，并通过连线显示原子之间的键。
- 薄片模型：薄片模型用于显示大分子系统的截面视图，有助于理解分子的内部结构和空间排布。

除了提供绘图模型外，VMD 还具有其他功能，主要包括以下几个方面。
- 分子动力学模拟：VMD 内置了分子动力学模拟引擎，可以加载分子结构并进行模拟。用户可以选择不同的力场和模拟参数，如温度、时间步长等，以研究分子的运动、构象变化和相互作用。
- 可视化分析工具：VMD 提供了多种实用的可视化分析工具，如距离测量、角度测量、二面角测量、氢键分析等。这些工具可以帮助用户定量分析分子结构和相互作用，从而揭示分子行为的细节。
- 动画制作与渲染：VMD 支持制作高质量的分子动画，并提供了丰富的渲染选项，包括光照、材质、阴影等。用户可以根据需要调整参数，生成精美的动画片段和静态图片，用于展示和出版。
- 数据处理与导出：VMD 允许用户利用内置的数据处理功能对分子结构和模拟结果进行进一步分析。此外，用户还可以将可视化结果导出为各种常见的文件格式，如图片、视频、PDB 文件等，以便与其他软件进行交互和进一步处理。
- 插件和脚本扩展：VMD 支持插件和脚本编程，用户可以通过编写自定义的插件和脚本来扩展 VMD 的功能。这使得用户能够根据自己的需要添加新的工具和功能，提高数据分析和可视化的效率。

参考文献

[1] Wang F, Yang W. Structural insight into translesion synthesis by DNA pol II[J]. Cell, 2009, 139: 1279-1289.

[2] Fukai S, Nureki O, Sekine S, et al. Mechanism of molecular interactions for tRNA(Val) recognition by valyl-tRNA synthetase[J]. RNA, 2003, 9: 100-111.

[3] Padavattan S, Thiruselvam V, Shinagawa T, et al. Structural analyses of the nucleosome complexes with human testis-specific histone variants, hTh2a and hTh2b[J]. Biophys Chem, 2017, 221: 41-48.

[4] Geisler S, Coller J. RNA in unexpected places: long non-coding RNA functions in diverse cellular contexts[J]. Nat Rev Mol Cell Biol, 2013, 14: 699-712.

[5] Serganov A, Yuan Y R, Pikovskaya O, et al. Structural basis for discriminative regulation of gene expression by adenine- and guanine-sensing mRNAs[J]. Chem Biol, 2004, 11: 1729-1741.

[6] Vandevenne M, Jacques D A, Artuz C, et al. New insights into DNA recognition by zinc fingers revealed by structural analysis of the oncoprotein ZNF217[J]. Journal of Biological Chemistry, 2013, 288: 10616-10627.

[7] Weis F, Giudice E, Churcher M, et al. Mechanism of eIF6 release from the nascent 60S ribosomal subunit[J]. Nature Structural & Molecular Biology, 2015, 22: 914-919.

[8] Fang S Z H, Huang X W, Zhang X, et al. Molecular mechanism underlying transport and allosteric inhibition of bicarbonate transporter SbtA[J]. Proceedings of the National Academy of Sciences of the United States of America, 2021, 118(2): e2101632118.

[9] Chen H, Egger M, Xu X C, et al. Structural distinctions between NAD riboswitch domains 1 and 2 determine differential folding and ligand binding[J]. Nucleic Acids Research, 2020, 48: 12394-12406.

[10] Lawson C L, Berman Helen M, Chen L, et al. The nucleic acid knowledgebase: a new portal for 3D structural information about nucleic acids[J]. Nucleic Acids Research, 2023, 52: D245-D254.

第 4 章 分子动力学模拟

分子动力学是分析分子和原子物理运动的计算机模拟方法。分子系统通常由大量粒子组成，无法通过简单的分析确定此类复杂系统的运动轨迹与物理特征。常见的分子动力学模拟方法通过复杂系统中粒子对相互作用的牛顿运动方程，计算和确定原子的运动轨迹。分子动力学模拟最初用于理论物理，1970 年后常用于 X 射线晶体学或核磁共振 (NMR) 波谱学的生物大分子实验结构模拟：研究蛋白质和核酸等生物大分子的运动，解释生物物理实验结果和物理作用机理，无规卷曲折叠预测蛋白质结构等。

4.1 动力学模拟

蛋白质的三维结构由氨基酸序列决定，在给定的环境下蛋白质会自发地折叠成一个热力学上稳定的结构。蛋白质折叠的驱动力有疏水作用，如氢键和范德瓦耳斯力等。疏水作用是蛋白质折叠的主要驱动力，折叠过程中倾向于将疏水残基埋藏在分子内部形成疏水核心，从而形成稳定的蛋白质结构。漏斗模型可以描述蛋白质的折叠路径，蛋白质从去折叠态结构开始折叠并逐渐降低自由能，最终折叠成一个低能量的稳定结构[1]。

粗粒化模型是将蛋白质结构描述为多个残基组合成一个单一的简化粒子模型，可以模拟长时间尺度和大空间尺度的生物大分子动力学行为。但由于粗粒化模型失去了原子级别的精细结构信息，无法得到分子间的精确相互作用。全原子模型利用经典的牛顿力学描述生物大分子的键长、键角、二面角、范德瓦耳斯和静电等生物大分子相互作用细节 (公式 (4.1))，可以精确计算分子的动力学过程，有助于药物设计等实际的应用研究。我们将以常用的 GROMACS 动力学模拟程序为例，讲述动力学模拟的具体过程。

$$u(r^N) = \sum_{\text{bonds}} \frac{k}{2}(l_i - l_{i,0})^2 + \sum_{\text{angles}} \frac{k}{2}(\theta_i - \theta_{i,0})^2$$
$$+ \sum_{\text{torsions}} \frac{V}{2}(1 + \cos(n\omega - \gamma))$$
$$+ \sum_i^N \sum_j^N \left\{ 4\varepsilon_{ij}\left[\left(\frac{\sigma_{ij}}{r_{ij}}\right)^{12} - \left(\frac{\sigma_{ij}}{r_{ij}}\right)^6\right] + \frac{q_i q_j}{r_{ij}} \right\} \quad (4.1)$$

4.1 动力学模拟

GROMACS(http://www.gromacs.org/) 可以模拟基于牛顿运动方程的分子动力学，适用于数百万至数亿原子的模拟[2-4]。它主要用于蛋白质、脂质和核酸等具有复杂相互作用的生物分子系统研究，也可适用于聚合物与流体的动力学模拟。GROMACS 的动力学模拟主要有 6 步 (图 4.1)，具体为：准备分子的拓扑文件，定义周期盒与溶剂化，添加离子，能量优化，平衡模拟和动力学模拟。如图 4.2 所示，我们将以激酶蛋白分子 CDK2(PDB ID：1FIN) 为例[5]，介绍 GROMACS 具体的模拟步骤。

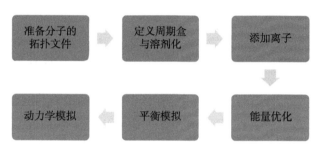

图 4.1　GROMACS 分子动力学模拟的主要步骤

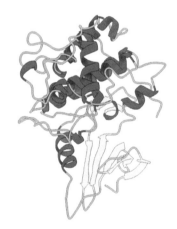

图 4.2　激酶蛋白分子结构 (PDB ID：1FIN)

图中红色为螺旋结构

1. 准备分子的拓扑文件阶段

用户可以使用分子显示文件 (如之前介绍的 PyMOL) 查看生物分子结构。在查看分子结构时需要检查 PDB 结构文件中是否含有不完整的序列或不完整的结构单元。使用 Linux grep 命令删除 PDB 文件中的水分子。

```
grep-v HOH 1FIN.pdb>1FIN_clean.pdb
```

然后用 pdb2gmx 产生分子拓扑结构、位置约束文件、处理后的结构文件。分子拓扑结构文件 (topol.top) 包含在模拟中定义分子所需的非键相互作用参数 (原子类型和电荷) 和共价键参数 (键、角和二面体)。GROMACS 程序提供了 AMBER、CHARMM 和 GROMOS 等力场，用户可以根据模拟体系的需要选择合适的立场进行分子动力学模拟，力场确定了每一个原子的具体参数。例如，蛋白质力场包括原子序号 (nr)、原子类型 (type)、氨基酸残基序号 (resnr)、氨基酸名称 (residue)、原子名称 (atom)、电荷组序号 (cgnr)、电荷量 (charge) 和原子量 (mass) 等。

2. 定义周期盒与溶剂化阶段

首先需要使用 editconf 模块定义周期盒的尺寸。用户可以简单地选取一个立方体作为周期盒的形状，也可以选择菱形十二面体作为周期盒的形状。菱形十二面体的体积是相同周期距离的立方盒子的约 71%，可以节省溶剂化蛋白质所需的水分子数量，加快计算速度。如图 4.3 所示，确定周期盒形状后，用户需要将蛋白质分子放置于盒子的中心，距周期盒子的边缘处至少有 1.0nm。GROMACS 使用周期性边界条件，计算时不考虑与周期性分子的相互作用。距周期盒子的边缘处 1.0nm 意味着蛋白质的任意两个周期性分子之间至少有 2.0nm 的距离。溶剂化过程中可以使用 SPC、SPC/E 或 TIP3P 三点水模型。

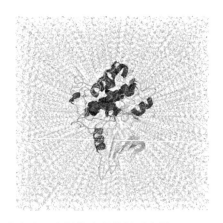

图 4.3　激酶分子溶剂化阶段模拟示意图 (PDB ID：1FIN)

蓝色为水分子

3. 添加离子阶段

首先需要检查蛋白质溶剂化系统的带电情况。例如，如图 4.4 所示，CDK2 激酶蛋白质溶剂化系统的净电荷为 4e，我们需要添加 4 个氯离子到这个溶剂化系统中。可以使用 genion 模块读取拓扑结构并用指定的离子替换水分子，具体参数如下。

4.1 动力学模拟

```
;ions.mdp  -  参数文件生成ions.tpr
integrator      =steep          ;最陡下降法
emtol           =1000.0         ;当最大力<1000.0kJ/(mol·nm)时停止
emstep          =0.01           ;步长
nsteps          =100000         ;执行的最大步数
;相邻原子间相互作用计算参数
nstlist         =1              ;邻居列表与远程力的更新频率
cutoff-scheme   =Verlet         ;牛顿运动方程求解算法
ns_type         =grid           ;邻居列表确定方法
coulombtype     =cutoff         ;远程静电相互作用计算处理方法
rcoulomb        =1.0            ;短程静电相互作用计算截断(纳米)
rvdw            =1.0            ;短程范德瓦耳斯相互作用计算截断(纳米)
pbc             =xyz            ;三维周期边界条件
```

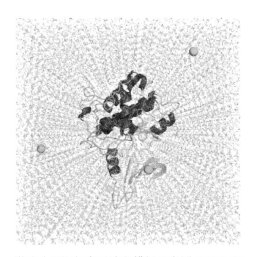

图 4.4 激酶分子添加离子阶段模拟示意图 (PDB ID：1FIN)

蓝色为水分子，黄色为氯离子

在 genion 命令中，需要我们提供结构文件 (-s) 作为输入，生成一个 gro 文件作为输出 (-o)，然后处理拓扑结构 (-p) 以反映水分子的去除和离子的添加。模块 genion 可以自动添加离子平衡溶剂化系统的电荷 (-neutral)，并定义正负离子的名称 (分别为-pname 和-nname)。

```
gmx genion-s ions.tpr-o 1FIN_solv_ions.gro-p topol.top-pname NA-
nname CL-neutral
```

4. 能量优化阶段

我们将对蛋白质溶剂化系统进行松弛模拟，确保系统没有不合适的几何形状或空间的冲突。能量最小化模拟与添加离子的过程非常相似，将使用 mdrun 模块进行能量最小化模拟，具体参数如下。

```
;minim.mdp - 参数文件生成  em.tpr
integrator         =steep       ;最陡下降法
emtol              =1000.0      ;当最大力<1000.0kJ/(mol·nm)时停止
emstep             =0.01        ;步长
nsteps             =100000      ;执行的最大步数
;相邻原子间相互作用计算参数
nstlist            =1           ;邻居列表与远程力的更新频率
cutoff-scheme      =Verlet      ;牛顿运动方程求解算法
ns_type            =grid        ;邻居列表确定方法
coulombtype        =PME         ;远程静电相互作用计算处理方法
rcoulomb           =1.0         ;短程静电相互作用计算截断(纳米)
rvdw               =1.0         ;短程范德瓦耳斯相互作用计算截断(纳米)
pbc                =xyz         ;三维周期边界条件
```

我们可以用 energy 模块分析 em.edr 文件中的相互作用能量项，判断能量最小化阶段蛋白质溶剂化系统是否稳定和收敛 (图 4.5)。

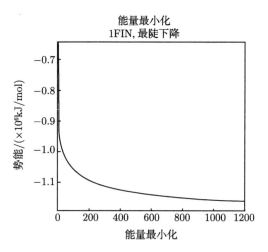

图 4.5　胰岛素蛋白模拟体系能量最小化模拟分析

5. 平衡模拟阶段

能量优化确保了蛋白质几何形状和溶剂分布的合理性，我们需要进一步对系统进行不受约束的模拟以平衡蛋白质周围的溶剂和离子。平衡模拟阶段分为两步：

4.1 动力学模拟

第一步是"等温等容"模拟，使体系逐渐达到希望的模拟温度，并建立关于溶质(蛋白质)的正确方向，具体的参数如下。

```
title             =OPLS NVT equilibration
define            =-DPOSRES               ;蛋白质位置约束
;模拟参数
integrator        =md                     ;蛙跳算法
nsteps            =100000                 ;2 * 100000=200 ps
dt                =0.002                  ;2 fs
;输出控制参数
nstxout           =500                    ;存储坐标间隔1.0 ps
nstvout           =500                    ;存储速度间隔1.0 ps
nstenergy         =500                    ;存储能量间隔1.0 ps
nstlog            =500                    ;文件更新频率1.0 ps
;键参数
continuation=no                           ;第一次动力学运行
constraint_algorithm=lincs                ;约束策略
constraints       =h-bonds                ;氢键约束
lincs_iter        =1                      ;LINCS的准确性
lincs_order       =4                      ;准确性参数
;非键参数
cutoff-scheme=Verlet                      ;牛顿运动方程求解算法
ns_type           =grid                   ;邻居列表确定方法
nstlist           =10                     ;20 fs,largely irrelevant with Verlet
rcoulomb          =1.0                    ;短程静电相互作用计算截断(纳米)
rvdw              =1.0                    ;短程范德瓦耳斯相互作用计算截断(纳米)
DispCorr          =EnerPres               ;范德瓦耳斯相互作用截断策略
;静电力
coulombtype =PME                          ;长程相互作用计算策略
pme_order         =4                      ;插值计算
fourierspacing=0.16                       ;快速傅里叶变换
;温度控制
tcoupl            =V-rescale              ;温度控制策略
tc-grps           =Protein Non-Protein    ;耦合计算策略
tau_t             =0.1  0.1               ;时间(ps)
ref_t             =300  300               ;参考设定温度(K)
;压力控制
pcoupl            =no                     ;压力控制策略
;周期边界条件
pbc               =xyz                    ;三维周期边界条件
```

```
; 速度生成
gen_vel            =yes                  ;麦克斯韦分布分配速度
gen_temp           =300                  ;麦克斯韦分布的温度
gen_seed           =-1                   ;生成随机种子
```

从图 4.6 可以清楚地看出，系统的温度迅速达到目标值 (300K)，并在剩余的平衡过程中保持稳定。

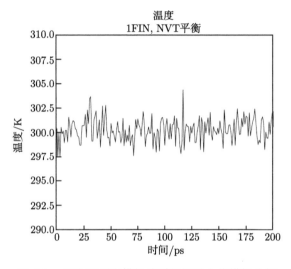

图 4.6　胰岛素蛋白模拟体系能量最小化模拟分析

稳定了系统的温度以后，我们需要对系统进行压力平衡，具体的模拟参数与稳定平衡模拟类似，增加了压力耦合计算，参数的具体差异如下。

```
continuation       =yes                  ;从 NVT 平衡阶段继续模拟
gen_vel            =no                   ;从轨迹中读取速度
;压力控制
pcoupl             =Parrinello-Rahman    ;压力控制策略
pcoupltype         =isotropic            ;均匀缩放向量
tau_p              =2.0                  ;时间(ps)
ref_p              =1.0                  ;参考设定压力
compressibility    =4.5e-5               ;等温压缩性
refcoord_scaling   =com
```

图 4.7 中 100ps 模拟过程中系统的密度值非常稳定，表明系统在压力和密度方面处于良好的平衡状态。

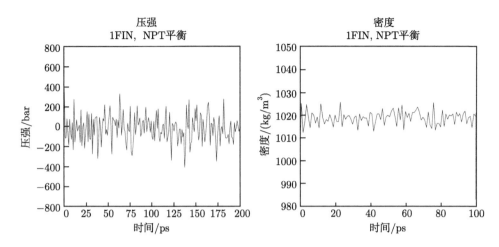

图 4.7 胰岛素蛋白模拟体系压强和密度模拟分析

$1\text{bar}=10^5\text{Pa}$

6. 动力学模拟

在分步完成两个平衡阶段的短暂模拟后，蛋白质系统在所需的温度和压力下达到了良好的平衡。我们可以接着平衡模拟文件进行分子动力学模拟。

```
; 动力学模拟部分参数
integrator    =md              ;蛙跳算法
nsteps        =2000000         ;模拟时间2 * 2000000=4000 ps(4 ns)
dt            =0.002           ;模拟步长2 fs
```

7. 模拟结果分析

首先需要用 trjconv 模块去除坐标、校正周期性或改变轨迹，确保完整的蛋白质体系在周期盒中，没有"破碎"或"跳跃"到其他周期盒。然后我们可以分析蛋白质结构的稳定性等相关模拟结果。

如果蛋白质在模拟过程中的结构差异性比较小，结构之间的 RMSD 值比较低，如图 4.8 所示。图中两个时间序列都显示 RMSD 水平为 $\sim 0.1\text{nm}(1\text{Å})$，表明该结构非常稳定。蛋白质的回转半径 ($R_g$) 是其致密性的量度。如果蛋白质被稳定折叠，它可能会保持相对稳定的 R_g 值。如果蛋白质展开，其 R_g 会随着时间的推移而变化。我们可以从合理不变的 R_g 值中看到，蛋白质在模拟过程中的折叠形式保持稳定。

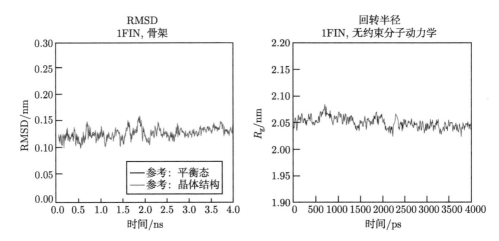

图 4.8　胰岛素蛋白模拟体系压强和密度模拟分析

4.2　小　　结

生物大分子动力学模拟通过基于经典力学的数值方法求解生物大分子系统中原子或分子的运动方程，为我们提供了深入理解生物大分子结构、功能以及相互作用的独特视角，从原子和分子层面揭示了其生物学功能的机制。动力学模拟方法在蛋白质结构和功能研究、核酸结构和功能研究、生物大分子相互作用研究等方面有广泛的应用。尽管动力学模拟在理论和应用方面都取得了显著进展，但仍面临一些挑战：①生物大分子的复杂性和规模使得模拟计算变得非常耗时并占用大量资源；②模拟结果的准确性和可靠性需要进一步提高，以更好地反映生物大分子在真实环境中的行为。随着机器学习技术的发展，我们可以将这些技术应用于生物大分子动力学模拟中，以降低计算资源的消耗，提高模拟的效率和准确性，为生物医学研究和药物开发提供有力支持。

4.3　课后练习

习题 1　分子动力学是分析分子和原子物理运动的计算机模拟方法。以 GROMACS 为例，简述动力学模拟的主要步骤。

习题 2　除 GROMACS 外，简述还有哪些动力学模拟的软件和模拟步骤。

习题 3　激酶 (Kinase) 蛋白是可以从高能供体分子 (如 ATP) 转移磷酸基团到特定靶标分子的酶，这一过程为磷酸化。CDK2 是一种激酶蛋白，与细胞分裂和肿瘤细胞的形成有重要的关系。利用 GROMACS 对激酶蛋白 (PDB ID：1FIN) 进行 4ns 的分子动力学模拟，计算 RMSD 的变化，并观察其动力学过程。

延展阅读

AMBER 分子动力学软件力场模型

AMBER(Assisted Model Building with Energy Refinement) 最初由加州大学旧金山分校的 Peter Kollman 团队开发，广泛应用于蛋白质、核酸以及多肽的分子动力学和自由能计算等研究，可以量化计算分析生物大分子的结构、相互作用和动力学等的物理机理 (图 4.9)[6]。

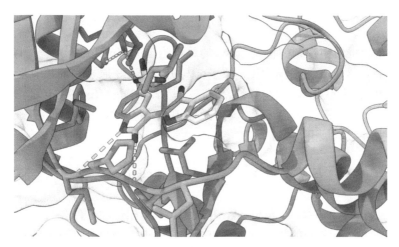

图 4.9 AMBER 分子模拟软件相互作用分析示意图

AMBER 通过力场描述生物大分子的物理特征，AMBER 通用力场 (general AMBER force field，GAFF) 利用经典力学来计算生物大分子的共价键和非共价键的相互作用，函数方程如下：

$$\begin{aligned}E_{\text{total}} =& \sum\nolimits_{\text{bonds}} k_b (r-r_0)^2 \\ &+ \sum\nolimits_{\text{angles}} k_\theta (\theta - \theta_0)^2 \\ &+ \sum\nolimits_{\text{dihedrals}} V_n [1+\cos(n\varphi - \gamma)] \\ &+ \sum_{i=1}^{N-1}\sum_{j=j+1}^{N} \left[\frac{A_{ij}}{R_{ij}^{12}} - \frac{B_{ij}}{R_{ij}^6} + \frac{q_i q_j}{\varepsilon R_{ij}}\right]\end{aligned} \quad (1)$$

公式 (1) 中的第一项描述生物大分子中化学键长度偏离其平衡位置时的能量 (单位：kcal①/mol) 变化，

---

① 1kcal=4184J。

$$E_{\text{bonds}} = \sum\nolimits_{\text{bonds}} k_{\text{b}} \left(r - r_0\right)^2 \tag{2}$$

其中，r 为实际键长 (单位：Å)；r_0 为晶体衍射等实验确定的平衡键长；键常量 k_{b}(单位：kcal/(mol·Å^2)) 可以从红外或拉曼光谱实验测定。例如，在 GAFF 描述中，sp^3 碳 (C3) 和羟基 (OH) 之间的平衡键长为 1.426Å，键常量 $k_{\text{b}} = 314.1$kcal/(mol·Å^2)。

公式 (1) 中的第二项描述生物大分子中键角偏离其平衡位置时的能量 (单位：kcal/mol) 变化，

$$E_{\text{angles}} = \sum\nolimits_{\text{angles}} k_{\theta} \left(\theta - \theta_0\right)^2 \tag{3}$$

其中，键角能量项中键角弹性常量 k_{θ} 的单位为 kcal/(mol·rad^2)，平衡角度 θ_0 的单位为度 (°)。例如，蛋白质中 C3 原子会与另一个 C3 原子和羟基氧形成共价键，平衡键角 θ_0 为 109.43°，键角弹性常量 $k_{\theta} = 67.720$kcal/(mol·rad^2)。

公式 (1) 中的第三项描述了生物大分子中扭转角的能量 (单位：kcal/mol) 变化，为傅里叶级数展开形式，

$$E_{\text{torsion}} = \sum\nolimits_{\text{dihedrals}} V_n \left[1 + \cos\left(n\varphi - \gamma\right)\right] \tag{4}$$

其中，V_n 为扭转角势垒项 (单位：kcal/mol)；γ 为相位项 (单位：(°))；n 为周期。例如，$C_{\text{sp3}} - C_{\text{sp3}}$ 之间的势垒项为 1.400kcal/mol，γ 为 0°，周期是 3。如果扭转角 φ(X-c3-c3-X) 为 $-60°$、$60°$ 或 $180°$，则扭转能项为 0。

$$\frac{1.4}{9} \times [1 + \cos(3\varphi - 0.0)] = 0 \tag{5}$$

非共价键相互作用由公式 (1) 中的第四项计算，描述生物大分子的范德瓦耳斯相互作用和静电相互作用。范德瓦耳斯相互作用由两个原子 i, j 之间的 Lennard-Jones 势计算，函数形式为

$$V_{i,j} = 4\varepsilon_{i,j} \left[\left(\frac{\sigma_{i,j}}{r_{i,j}}\right)^{12} - \left(\frac{\sigma_{i,j}}{r_{i,j}}\right)^{6}\right] \tag{6}$$

其中，$r_{i,j}$ 为原子 i 和原子 j 之间的距离；$\varepsilon_{i,j}$ 是原子 i 和原子 j 相互作用的势阱深度；$\sigma_{i,j}$ 是势能为零时的距离。GAFF 中范德瓦耳斯相互作用 $V_{i,j}$ 的另一种函数方程为

$$V_{i,j} = \varepsilon_{i,j} \left[\left(\frac{R_{\min}}{r_{i,j}}\right)^{12} - 2\left(\frac{R_{\min}}{r_{i,j}}\right)^{6}\right] \tag{7}$$

方程中 $R_{\min} = R_i + R_j$，是原子 i 和原子 j 的范德瓦耳斯半径 R_i 和 R_j 之和。例如，在 GAFF 描述中，C3 原子的 $R_{\min}$ 为 1.908Å，ε 为 0.1094kcal/mol。

静电相互作用采用库仑定律描述，函数形式为

$$V_{i,j} = \frac{q_i q_j}{\varepsilon R_{ij}} \tag{8}$$

其中，q_i 和 q_j 为原子的电荷量；ε 为介电常数；R_{ij} 为原子 i 和原子 j 之间的距离。

随着实验数据的不断增长，GAFF 的计算精度也在不断提高。例如，力场 ff99SB 改善了早期 ff99 力场中蛋白质二级结构的精确描述问题，在氨基酸的侧链旋转异构体和主链二级结构偏好性描述方面仍不太理想[7]。力场 ff14SB 对短肽的 NMR 实验结构中的 φ 和 ψ 进行了多尺度扫描，重新拟合了氨基酸的角度参数，也改善了静电相互作用的计算。ff14SB 与量子化学计算得到的构象相对能量的平均误差低于 1.0kcal/mol，比 ff99SB 的误差减少了 35%，提高了蛋白质侧链和主链的计算精度[8]。力场 ff19SB 进一步对蛋白质 20 种氨基酸的特异性骨架参数做了优化拟合，可以更好地显示氨基酸拉氏 (Ramachandran) 图谱的特异性差异，显著提高氨基酸螺旋倾向性等结构特征的精确计算[9]。

参 考 文 献

[1] Lindorff-Larsen K, Piana S, Dror R O, et al. How fast-folding proteins fold[J]. Science, 2011, 334: 517-520.

[2] Pall S, Zhmurov A, Bauer P, et al. Heterogeneous parallelization and acceleration of molecular dynamics simulations in GROMACS[J]. J Chem Phys, 2020, 153: 134110.

[3] Hess B, Kutzner C, van der Spoel D, et al. GROMACS 4: algorithms for highly efficient, load-balanced, and scalable molecular simulation[J]. J Chem Theory Comput, 2008, 4: 435-447.

[4] Pronk S, Pall S, Schulz R, et al. GROMACS 4.5: a high-throughput and highly parallel open source molecular simulation toolkit[J]. Bioinformatics, 2013, 29: 845-854.

[5] Jeffrey P D, Russo A A, Polyak K, et al. Mechanism of CDK activation revealed by the structure of a cyclinA-CDK2 complex[J]. Nature, 1995, 376: 313-320.

[6] Pearlman D A, Case D A, Caldwell J W, et al. AMBER, a package of computer programs for applying molecular mechanics, normal mode analysis, molecular dynamics and free energy calculations to simulate the structural and energetic properties of molecules[J]. Computer Physics Communications, 1995, 91: 1-41.

[7] Lindorff-Larsen K, Piana S, Palmo K, et al. Improved side-chain torsion potentials for the Amber ff99SB protein force field[J]. Proteins: Structure, Function, and Bioinformatics, 2010, 78: 1950-1958.

[8] Maier J A, Martinez C, Kasavajhala K, et al. ff14SB: improving the accuracy of protein side chain and backbone parameters from ff99SB[J]. Journal of Chemical Theory and Computation, 2015, 11: 3696-3713.

[9] Tian C, Kasavajhala K, Belfon K A A, et al. ff19SB: amino-acid-specific protein backbone parameters trained against quantum mechanics energy surfaces in solution[J]. Journal of Chemical Theory and Computation, 2020, 16: 528-552.

第 5 章 结构预测

结构预测是从蛋白质和 RNA 等生物大分子的序列出发，预测其二级结构或三维空间结构。20 世纪 60 年代，Anfinsen 等对含有二硫键的牛胰核糖核酸酶进行的再折叠实验揭示了蛋白质在体外能够自发进行再折叠。Anfinsen 法则说明，决定蛋白质最终折叠结构的信息嵌入在蛋白质氨基酸序列中，即蛋白质分子的一维序列决定了它的三维构象，为结构预测研究奠定了理论基础。通过结构预测，我们能够深入地了解生物分子的功能和性质，为药物设计、材料研发等领域提供关键信息。例如，对蛋白质结构的深入理解可以帮助研究人员精准设计药物分子，提高治疗效果并降低药物副作用。结构预测也可以指导新材料的设计与合成，推动材料科学的创新。

目前，RCSB PDB 结构数据库中的生物分子三维结构数量约有 22 万，远小于已知的序列数量[1]。X 射线晶体衍射、核磁共振和冷冻电镜等实验方法测定生物分子的三维结构仍然需要耗费大量的时间，生物大分子的三维结构测定速度滞后于其序列的测定速度。如图 5.1 所示，随着计算机技术和相关理论物理模型的不断发展，现在可以利用计算模拟来预测生物分子的三维结构，为大量未知结构的生物分子结构确定提供了新途径。结构预测已经成为理论物理及其交叉学科前沿最具挑战性和活跃的领域之一。

T1037/6vr4
90.7GDT
(RNA聚合酶结构域)

T1049/6y4f
93.3GDT
(黏附素)

图 5.1 蛋白质理论预测结构与实验解析结构对比示意图
图中蓝色为预测结构，绿色为实验结构

5.1 蛋白质二级结构预测

5.1.1 蛋白质二级结构预测方法

蛋白质的二级结构主要包括 α 螺旋、β 折叠以及无规卷曲等周期性结构单元。

二级结构是蛋白质分子的早期折叠阶段,构成了蛋白质空间结构的重要组成部分,为蛋白质三维结构的折叠奠定了基础,是揭示蛋白质氨基酸序列与三维空间结构之间的桥梁。蛋白质二级结构预测主要有以下问题:①如何构建有效可靠的训练集;②如何构建适用于二级结构预测的计算方法;③如何通过特征分析从蛋白质序列中确定二级结构信息。自 20 世纪 60 年代开始,已经发展了一系列蛋白质二级结构的预测方法,大致可分为:基于统计概率学的方法、基于物理化学性质的方法、基于多序列比对的人工智能方法 (表 5.1)。

表 5.1 蛋白质二级结构预测方法

方法	年份	原理	网络服务器
Chou-Fasman 方法	1974	统计概率	√
GOR 方法	1978	统计概率	√
Lim 方法	1974	物理化学性质	√
PHD/PHDpsi 方法	1993~2002	神经网络	√
PSIPRED	1999	神经网络	√
SSpro	2005	神经网络	√
PSSP/APSSP/APSSP2	2000~2002	神经网络	√
YASPIN	2005	神经网络	√
Jpred4	2015	神经网络	√
SPIDER3	2017	神经网络	√
PSSpred V4	2018	神经网络	√

舒–法斯曼 (Chou-Fasman) 方法是一种典型的基于单个氨基酸统计的经验参数方法 [2]。该方法通过分析每种氨基酸残基在不同二级结构中的出现概率,揭示了它们在蛋白质中形成特定结构的倾向性。例如,Glu 主要出现在 α 螺旋中,Asp 和 Gly 主要分布在无规卷曲中。通过统计分析 20 种氨基酸在 α 螺旋、β 折叠和无规卷曲三种构象中的分布情况,得到了形成 α 螺旋的倾向性因子 P_α、形成 β 折叠的倾向性因子 P_β 和形成无规卷曲的倾向性因子 P_t,进而利用这些倾向性因子预测蛋白质的二级结构。对 α 螺旋而言,某个氨基酸的倾向性因子 P_α 大,则说明该氨基酸形成 α 螺旋的能力强;相反,如果倾向性因子 P_α 小,则说明形成 α 螺旋的能力弱。基于这些倾向性因子,Chou-Fasman 方法进一步提出了经验规则,用于在蛋白质序列中寻找可能的二级结构成核位点和终止位点。在具体的二级结构预测过程中,首先扫描待预测的氨基酸序列,发现可能成为特定二级结构成核区域的短序列片段。然后对成核区域进行扩展,逐步扩大成核区域,直到发现二级结构类型发生变化为止。最终,得到了具有特定二级结构的连续区域。Chou-Fasman 方法总体准确性低于 60%,但其简单而有效的特点为早期蛋白质二级结构预测奠定了基础。

GOR 方法不仅考虑了被预测位置本身氨基酸种类的影响,还考虑了相邻残基种类对该位置构象的影响 [3,4]。例如,如果以 X_i 表示 α 螺旋,A 表示丙氨酸,

则 $f(X_i, A_{i+m})$ 表示第 $i+m$ 位为丙氨酸时，第 i 个位置的残基出现在 α 螺旋的概率。GOR 方法为每个残基位置的三种二级结构提供了概率估计，在考虑了残基对相互作用后，GOR 方法的准确率达到约 63%，是较为成功的基于单序列预测蛋白质二级结构的方法。

Lim 方法在预测蛋白质二级结构时考虑了蛋白质折叠构象的立体化学性质和物理化学性质，同时充分考虑了邻近氨基酸之间的相互作用情况，如氨基酸的亲水性、疏水性、带电性以及体积的大小等[5]。对于 α 螺旋和 β 折叠，Lim 方法总结了亲水/疏水规则，通过考虑序列中有规律的亲/疏水性残基的分布来预测蛋白质的二级结构。该方法成功率约 60%，在某些特定的多肽链上可达 70% 的精确度。

基于单序列的蛋白质二级结构预测成功率只有约 60%，主要问题在于依赖于序列组合的统计模型难以提供蛋白质空间分布信息。神经网络是一种基于非线性统计的机器学习算法，目前使用的多为反向传播学习算法，通常由输入层、隐藏层和输出层构成。训练通常从一组随机的权重开始，在学习过程中，根据输入的一维序列和二级结构的关系信息，不断调整各层之间的权重，最终确定输入与输出之间的良好关系。机器学习结合多序列比对分析、k 最近邻分类算法 (k-nearest-neighbour)、隐马尔可夫模型和 Consensus 等方法可以较好地克服这一瓶颈问题，通常比基于单序列的二级结构预测方法的精度提高 10% 左右。

PHD/PHDpsi 方法是第一种将数据库搜索与神经网络结合，基于多序列比对中的蛋白质二级结构预测的方法[6]。在经典的 PHD 方法中，首先将预测序列提交给 BLAST，从 SWISS-PROT 数据库中检索同源序列。然后，利用 MAXHOM 比对程序对序列进行比对。接着，将得到的多序列比对转换为一个配置文件传递到三层神经网络。PHDpsi 方法增加了蛋白质的数据，采用改进的 PSI-BLAST 提供更多精准的同源序列，提高了多序列比对的可靠性[7]。SSpro 采用了双向递归神经网络模型学习长程相互作用，蛋白质二级结构预测精度达到了 80%。在 5.1.2 节中，我们提供了多种蛋白质二级结构预测工具的网址，表 5.1 则提供了这些方法的简要介绍，读者可以根据兴趣自行深入了解。

5.1.2 蛋白质二级结构预测实例

目前，常用的蛋白质二级结构工具主要有：
(1) PSIPRED[8,9]：http://bioinf.cs.ucl.ac.uk/psipred/
(2) PredictProtein[10]：http://www.predictprotein.org
(3) SSpro 4.0[11,12]：https://download.igb.uci.edu/sspro4.html
(4) APSSP2：https://webs.iiitd.edu.in/crdd/pstr.php
(5) YASPIN[13]：http://www.ibi.vu.nl/programs/yaspinwww/
(6) Jpred4[14]：http://www.compbio.dundee.ac.uk/jpred/

(7) SPIDER3[15]：https://sparks-lab.org/server/spider3/

(8) PSSpred[16]：https://zhanggroup.org/PSSpred/

PSIPRED(Protein Structure Prediction Server) 是由英国 Jones 等开发的用于蛋白质二级结构预测的计算工具和在线服务[8,9]，使用 PSI-BLAST 在数据库中搜索相似蛋白质序列，利用多序列比对进行二级结构预测。它采用两层神经网络算法，通过分析输入的蛋白质氨基酸序列，预测蛋白质的二级结构元素，主要包括 α 螺旋、β 折叠和无规卷曲等。PSIPRED 的预测结果较为准确，为科学家们提供了一个有用的蛋白质二级结构预测工具。我们以 PSIPRED 为例说明蛋白质二级结构预测的基本步骤。输入的序列信息如下。

```
>8GEA_1|Chain A|Guanine nucleotide-binding protein G(s) subunit
alpha isoforms short|Homo sapiens(9606)
MGCLGNSKTEDQRNEEKAQREANKKIEKQLQKDKQVYRATHRLLLLGAGE
SGKSTIVKQMRILHVNGFNGDSEKATKVQDIKNNLKEAIETIVAAMSNLVPPV
ELANPENQFRVDYILSVMNVPDFDFPPEFYEHAKALWEDEGVRACYERSNE
YQLIDCAQYFLDKIDVIKQADYVPSDQDLLRCRVLTSGIFETKFQVDKVNFH
MFDVGGQRDERRKWIQCFNDVTAIIFVVASSSYNMVIREDNQTNRLQEALNL
FKSIWNNRWLRTISVILFLNKQDLLAEKVLAGKSKIEDYFPEFARYTTPEDATP
EPGEDPRVTRAKYFIRDEFLRISTASGDGRHYCYPHFTCAVDTENIRRVFNDC
RDIIQRMHLRQYELL
```

PSIPRED 蛋白质二级结构预测的程序使用界面、预测结果和二级结构示意图如图 5.2 所示。

(a)

5.1 蛋白质二级结构预测

图 5.2 利用 PSIPRED 预测蛋白质二级结构举例

(a) PSIPRED 网络服务器界面；(b) 和 (c) 为 PSIPRED 在 "与无核苷酸的 Gs 异源三聚体复合的 beta-2 肾上腺素受体" 的冷冻电镜结构 (PDB ID：8GEA) 序列的预测结果和二级结构卡通图

5.2 蛋白质三级结构预测

蛋白质三级结构是其骨架与侧链原子的空间排列，理解蛋白质的折叠过程、序列与结构之间的内在联系有助于准确预测蛋白质三级结构。Anfinsen 提出蛋白质的天然态构象为自由能最低态，折叠结构的信息嵌入氨基酸序列中，一维序列决定了蛋白质的三维结构。

1969 年，Levinthal 提出了蛋白质折叠的悖论，蛋白质结构具有庞大的自由度，可能存在着天文数字般多的可能构象。蛋白质采样所有可能的构象可能需要比宇宙年龄更长的时间。蛋白质能快速折叠成正确的结构是由于氨基酸的疏水塌缩等相互作用限制了搜索空间，引导蛋白质的进一步折叠。实验可以观察到蛋白质折叠过程中的过渡态与中间态结构。同年，Browne 等提出了基于同源信息比较建模的蛋白质结构预测方法，成功利用鸡蛋清溶菌酶的主链结构搭建了牛的 a-乳蛋白的空间结构。二十年后的乳蛋白晶体结构表明除 C 端稍有差别外，整体的结构都十分精确。

1981 年，Greer 等开发了利用多个同源蛋白质进行结构预测的方法，成功对哺乳动物丝氨酸蛋白酶进行了结构建模。1987 年，Ptitsyn 指出，由于各种立体化学结构的限制，蛋白质的折叠子的数目是有限的。Chothia 估计自然界中折叠子不会超过 1000 种，王志新院士估计自然界中仅有 654 种折叠子存在。

1991 年，Bowie 等研究了蛋白质重新折叠问题，并提出了用于结构预测的穿线策略。与"序列–序列"对齐的思想不同，该方法采用"序列–结构"对齐的方式，通过评估目标蛋白质中的每个氨基酸与模板中对齐氨基酸的局部结构环境的适应性进行计算。

引入能量景观的"折叠漏斗"概念后，蛋白质折叠理论模型发生了重要的变化，折叠的过程被类比为一块岩石沿着复杂的山坡滚落，而不是沿着单一轨道移动。这种新的观念强调了蛋白质的平行折叠，而不是单一结构沿着特定路径折叠。1994 年，Moult 等发起了每两年一次的 CASP (Critical Assessment of Structure Prediction) 竞赛，旨在利用计算方法预测蛋白质结构。这一竞赛如今已经成为评估蛋白质结构预测技术的国际标准，也是国际上交流蛋白质结构预测新技术的重要平台。截至 2024 年，CASP 已经成功举办至第 15 届[17]。

蛋白质三级结构预测主要的问题在于：①在结构搜索与采样中，如何在海量的空间构象中充分采样；②在建模结构评估中，如何从成百上千的建模结构中选择近天然态结构。如图 5.3 所示，目前蛋白质三级结构预测方法主要包括同源建模法 (homology modeling)、穿线法 (threading) 和从头预测法 (*ab initio* prediction)。下面将分别详细介绍这三种方法的原理以及它们各自的优缺点[18]。

5.2 蛋白质三级结构预测

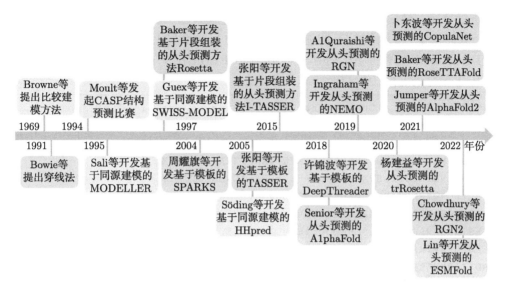

图 5.3 蛋白质三级结构预测发展时间轴。在这里基于同源建模的方法用黄色标记，基于穿线法的方法用蓝色标记，基于从头预测的方法用绿色标记，CASP 结构预测比赛用灰色标记

5.2.1 同源建模法

同源建模法是一种使用广泛的基于已知实验结构的蛋白质三级结构预测方法。在进化过程中，蛋白质结构比序列更保守，序列相似的同源蛋白通常具有相似的空间结构。通常情况下，目标蛋白与模板蛋白的序列一致性不低于30%。因此，对于一个未知结构的蛋白质，如果可以找到一个已知结构的同源蛋白质，就可以该同源蛋白质为模板作为该未知结构的蛋白质构建结构模型。同源建模包含以下几个步骤：模板搜寻、模板选择、序列对齐、模型主链搭建、侧链搭建、构象优化、构象合理性评估。代表性同源建模方法有：SWISS-MODEL、COMPOSER、MODELLER 和 HHpred 等。

MODELLER 是一款代表性的蛋白质三维结构同源建模方法[19]。它能根据用户提供的序列和已知的同源蛋白结构，自动生成不含氢原子的模型。基于模板–目标对齐，MODELLER 定义了许多约束，包括原子间距离和二面角。MODELLER 通过优化代表结构约束的分子概率密度函数来构建目标的三维模型，广泛用于同源蛋白质的结构建模。

而 SWISS-MODEL 是一款自动化的同源建模服务器[20]。首先，通过使用 BLAST 和 HHblits 对 SWISS-MODEL 模板库进行模板搜索。随后，将目标序列与排名靠前的模板进行模板–目标对齐，SWISS-MODEL 也支持选择多个模板。接着，从结构数据库中搜索适当的片段进行建模，如果找不到合适的片段，则采用蒙特卡罗模拟对构象空间进行采样。对于非保守区域，SWISS-MODEL 将对侧链进行重建。最后，应用能量最小化来消除建模过程中的不合理结构。

我们以与无核苷酸的 Gs 异源三聚体复合的 beta-2 肾上腺素受体的冷冻电镜结构 (PDB ID:8GEA)序列为例，利用 SWISS-MODEL(https://swissmodel.expasy.org/)，对其 A 链序列进行三级结构预测 (图 5.4)。

```
>8GEA_1|Chain A|Guanine nucleotide-binding protein G(s) subunit
alpha isoforms short|Homo sapiens(9606)
MGCLGNSKTEDQRNEEKAQREANKKIEKQLQKDKQVYRATHRLLLLGAGE
SGKSTIVKQMRILHVNGFNGDSEKATKVQDIKNNLKEAIETIVAAMSNLVPPV
ELANPENQFRVDYILSVMNVPDFDFPPEFYEHAKALWEDEGVRACYERSNE
YQLIDCAQYFLDKIDVIKQADYVPSDQDLLRCRVLTSGIFETKFQVDKVNFH
MFDVGGQRDERRKWIQCFNDVTAIIFVVASSSYNMVIREDNQTNRLQEALNL
FKSIWNNRWLRTISVILFLNKQDLLAEKVLAGKSKIEDYFPEFARYTTPEDATP
EPGEDPRVTRAKYFIRDEFLRISTASGDGRHYCYPHFTCAVDTENIRRVFNDC
RDIIQRMHLRQYELL
```

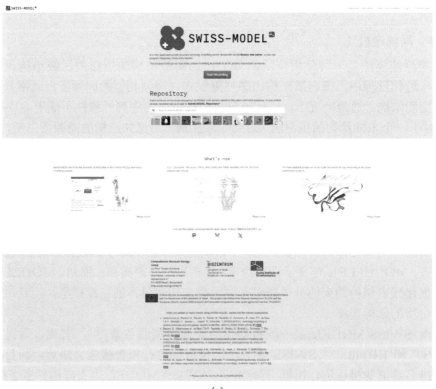

(a)

5.2 蛋白质三级结构预测

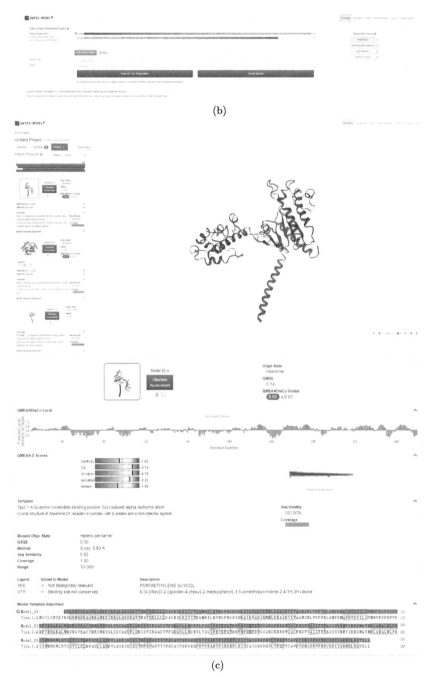

(b)

(c)

图 5.4 利用 SWISS-MODEL 网络服务器对与无核苷酸的 Gs 异源三聚体复合的 beta-2 肾上腺素受体的冷冻电镜结构 (PDB ID: 8GEA)A 链序列进行三级结构预测

(a) SWISS-MODEL 主页; (b) SWISS-MODEL 搜索界面; (c) SWISS-MODEL 预测结果

5.2.2 穿线建模法

一般而言,同源建模法在同源性模板上与目标蛋白具有显著的相似性,即序列相似性超过30%时,才表现出较高效能。然而,当序列相似性降至25%以下时,获得同源模板将变得困难。与同源建模法不同,穿线法的核心步骤依赖于"序列–结构"对齐,而不同于同源建模法中依赖的"序列–序列"对齐。穿线法首先需要构建模板库,再通过逐一比对目标蛋白质的氨基酸序列和模板库中已知折叠模式的模板结构,计算它们之间的兼容性。最终,根据特定的评分函数进行评估,从而找到最合理的折叠模式。代表性的穿线法有:TASSER、DeepThreader[21]等。

在TASSER的基础上,张阳等发展了I-TASSER,这是一种层次化的基于模板的蛋白质三级结构和功能预测方法[22]。该方法包含三个主要步骤。首先,对于给定的待建模序列,I-TASSER使用包含8种折叠识别程序的LOMETS在非冗余数据库中进行查询,以识别结构模板。在获得模板对齐后,将序列分为"threading-aligned"区域和"threading-unaligned"区域。接着,通过从模板中切割的连续对齐片段结构重新组装,构建完整长度模型的拓扑结构,其中未对齐区域的结构通过基于知识的力场指导下的副本交换蒙特卡罗模拟进行从头折叠而得到。随后,使用SPICKER对结构轨迹进行聚类,以识别最低自由能状态。从SPICKER聚类开始,进行第二轮结构重新组装来进一步优化结构模型。通过FG-MD和ModRefiner进行全原子模拟,对低自由能构象进行进一步优化。最后,通过将得分最高的结构模型与BioLiP功能库中的蛋白质进行结构和序列比较,检测同源功能模板,从而获得关于配体结合位点等功能的见解。

图5.5以与无核苷酸的Gs异源三聚体复合的beta-2肾上腺素受体的冷冻电镜结构(PDB ID: 8GEA)序列为例,利用I-TASSER (https://zhanggroup.org//I-TASSER/)对其A链序列进行蛋白质三级结构预测。

```
>8GEA_1|Chain A|Guanine nucleotide-binding protein G(s) subunit
alpha isoforms short|Homo sapiens(9606)
MGCLGNSKTEDQRNEEKAQREANKKIEKQLQKDKQVYRATHRLLLLGAGE
SGKSTIVKQMRILHVNGFNGDSEKATKVQDIKNNLKEAIETIVAAMSNLVPPV
ELANPENQFRVDYILSVMNVPDFDFPPEFYEHAKALWEDEGVRACYERSNE
YQLIDCAQYFLDKIDVIKQADYVPSDQDLLRCRVLTSGIFETKFQVDKVNFH
MFDVGGQRDERRKWIQCFNDVTAIIFVVASSSYNMVIREDNQTNRLQEALNL
FKSIWNNRWLRTISVILFLNKQDLLAEKVLAGKSKIEDYFPEFARYTTPEDATP
EPGEDPRVTRAKYFIRDEFLRISTASGDGRHYCYPHFTCAVDTENIRRVFNDC
RDIIQRMHLRQYELL
```

5.2 蛋白质三级结构预测

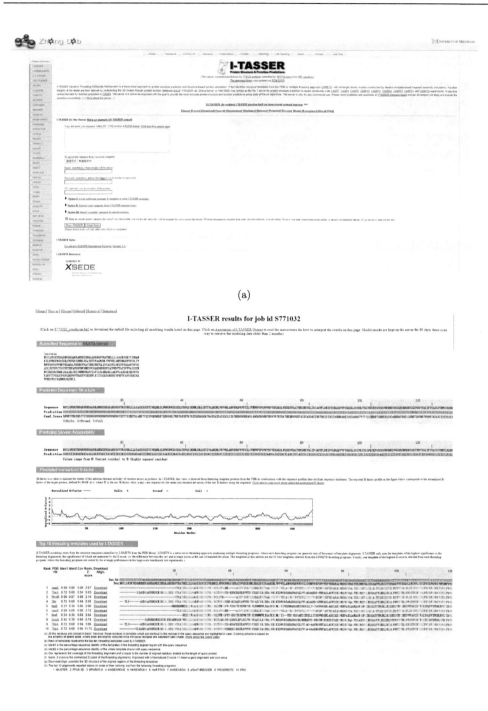

(a)

Top 5 final models predicted by I-TASSER

(For each target, I-TASSER simulations generate a large ensemble of structural conformations, called decoys. To select the final models, I-TASSER uses the SPICKER program to cluster all the decoys based on the pair-wise structure similarity, and reports up to five models which corresponds to the five largest structure clusters. The confidence of each model is quantitatively measured by C-score that is calculated based on the significance of threading template alignments and the convergence parameters of the structure assembly simulations. C-score is typically in the range of [-5, 2], where a C-score of higher value signifies a model with a higher confidence and vice-versa. TM-score and RMSD are estimated based on C-score and protein length following the correlation observed between these qualities. Since the top 5 models are ranked by the cluster size, it is possible that the lower-rank models have a higher C-score in rare cases. Although the first model has a better quality in most cases, it is also possible that the lower-rank models have a better quality, that the higher-rank models as seen in our benchmark tests. If the I-TASSER simulations converge, it is possible to have less than 5 clusters generated; this is usually an indication that the models have a good quality because of the converged simulations.)

- More about C-score
- Local structure accuracy profile of the top five models

(By right-click on the images, you can export image file or change the configurations, e.g. modifying the background color or stopping the spin of your models)

Reset to initial orientation | Spin On/Off
- Download Model 1
- C-score=-0.16 (Read more about C-score)
- Estimated TM-score = 0.69±0.12
- Estimated RMSD = 7.1±4.1Å

Reset to initial orientation | Spin On/Off
- Download Model 2
- C-score = 0.49

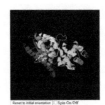
Reset to initial orientation | Spin On/Off
- Download Model 3
- C-score = -2.33

Proteins structurally close to the target in the PDB (as identified by TM-align)

(After the structure assembly simulations, I-TASSER uses the TM-align structural alignment program to match the first I-TASSER model to all structures in the PDB library. This section reports the top 10 proteins from the PDB that have the closest structural similarity, i.e. the highest TM-score, to the predicted I-TASSER model. Due to the structural similarity, these proteins often have similar function to the target. However, users are encouraged to use the tool in the next screen. Predicted function using COACH to infer the function of the target protein, since COACH has been extensively trained to derive biological function from multi-source of sequence and structure features which has on average a higher accuracy than the function annotations derived only from the global structure comparison.)

Top 10 Identified structural analogs in PDB

Click to view	Rank	PDB Hit	TM-score	RMSD	IDEN	Cov	Alignment
○	1	7kmA	0.910	1.79	0.952	0.947	Download
○	2	2vrdC	0.828	1.18	0.997	0.847	Download
○	3	2v9fA	0.812	7.92	0.185	0.895	Download
○	4	2xtsA	0.806	2.46	0.283	0.874	Download
○	5	3ehbA	0.800	2.78	0.391	0.887	Download
○	6	1aozC	0.798	2.50	0.399	0.863	Download
○	7	1shzD	0.796	1.06	0.431	0.840	Download
○	8	7ImdA	0.791	2.05	0.410	0.840	Download
○	9	6oeSA	0.787	2.19	0.307	0.840	Download
○	10	1fgjC	0.784	2.09	0.440	0.832	Download

(a) Binary structure is shown in cartoon, while the structural RMSD is displayed using backbone trace.
(b) Ranking of proteins is based on TM-score of the structural alignment between the query structure and known structures in the PDB library
(c) RMSD is the RMSD between residues that are structurally aligned by TM-align.
(d) IDEN is the percentage sequence identity in the structurally aligned region.
(e) Cov represents the coverage of the alignment by TM-align and is equal to the number of structurally aligned residues divided by length of the query protein.

Reset to initial orientation | Spin On Off

Predicted function using COFACTOR and COACH

(This section reports biological annotations of the target protein by COFACTOR and COACH based on the I-TASSER structure prediction. While COFACTOR deduces protein functions (ligand-binding sites, EC and GO) using structure comparison and protein-protein networks, COACH is a meta-server approach that combines multiple function annotation results (no ligand-binding sites) from the COFACTOR, TM-SITE and S-SITE programs.)

Ligand binding sites

Click to view	Rank	C-score	Cluster size	PDB Hit	Lig Name	Download Complex	Ligand Binding Site Residues
●	1	0.57	223	2xtsA	GSP	Rep. Mult	49,50,51,52,53,54,56,160,154,185,187,189,190,211,212,278,279,281,282,351,352,353
○	2	0.15	57	4pfoA	PEPTIDE	Rep. Mult	46,47,48,49,50,54,80,83,87,91,93,156,157,158,187,188,189,210,211,212,220,224,251,257,258,261,262,265,268
○	3	0.13	45	3ab3C	MG	Rep. Mult	54,190,209
○	4	0.01	3	3g2A	PEPTIDE	Rep. Mult	46,47,48,49,210,212,214,215,224,257,258,262,265,271
○	5	0.01	2	1fvC	ZN	Rep. Mult	42,195,206

Download the residue-specific ligand binding probability, which is estimated by SVM.
Download all possible binding ligands and detailed prediction summary.
Download the templates clustering results.
(a) C-score is the confidence score of the prediction. C-score ranges [0-1], where a higher score indicates a more reliable prediction.
(b) Cluster size is the total number of templates in a cluster.
(c) Lig Name is name of possible binding ligand. Click the name to view its information in the BioLiP database.
(d) Rep is a single complex structure with the most representative ligand in the cluster, i.e., the one listed in the Lig Name column. Mult is the complex structures with all potential binding ligands in the cluster.

Reset to initial orientation | Spin On Off

Enzyme Commission (EC) numbers and active sites

Click to view	Rank	Cscore^EC	PDB Hit	TM-score	RMSD	IDEN	Cov	EC Number	Active Site Residues
○	1	0.351	2xtsA	0.395	3.45	0.104	0.463	3.6.5.2	213
○	2	0.290	2f6mA	0.369	2.87	0.158	0.458	3.6.5.2	213
○	3	0.290	3ehbD	0.399	3.50	0.150	0.456	3.6.5.2	213
○	4	0.251	1xkuA	0.429	3.26	0.143	0.534	3.6.5.3	213
○	5	0.198	7i50A	0.431	4.06	0.160	0.550	3.6.5.3	NA

Click on the radio buttons to visualize predicted active site residues.
(a) Cscore^EC is the confidence score for the EC number prediction. Cscore^EC values range in between [0-1], where a higher score indicates a more reliable EC number prediction.
(b) TM-score is a measure of global structural similarity between query and template protein.
(c) RMSD is the RMSD between residues that are structurally aligned by TM-align.
(d) IDEN is the percentage sequence identity in the structurally aligned region.
(e) Cov represents the coverage of global structural alignment and is equal to the number of structurally aligned residues divided by length of the query protein.

Reset to initial orientation | Spin On Off

Gene Ontology (GO) terms

Top 10 homologous GO templates in PDB

Rank	Cscore^{GO}	TM-score	RMSD^{a}	IDEN^{a}	Cov	PDB Hit	Associated GO Terms
1	0.66	0.8734	1.20	0.99	0.89	1aztB	GO:0004871 GO:0007191 GO:0006184 GO:0007165 GO:0005834 GO:0003924 GO:0035255 GO:0005886 GO:0031234 GO:0031683 GO:0031852 GO:0016020 GO:0007606 GO:0019001 GO:0005525 GO:0000166 GO:0007186
2	0.60	0.7998	2.78	0.39	0.89	3ah8A	GO:0007610 GO:0005515 GO:0007507 GO:0043547 GO:0009791 GO:0000166 GO:0003924 GO:0006469 GO:0007165 GO:0005834 GO:0005624 GO:0016322 GO:0005525 GO:0005886 GO:0005096 GO:0050821 GO:0006184 GO:0004871 GO:0007189 GO:0007215 GO:0001508 GO:0048066 GO:0042733 GO:0007186 GO:0035412 GO:0001501 GO:0021884 GO:0045634 GO:0006471 GO:0019001 GO:0031683 GO:0031234 GO:0005737 GO:0016020 GO:0050805 GO:0005815 GO:0005856 GO:0031821 GO:0007049 GO:0045121 GO:0030496 GO:0005634 GO:0051301 GO:0007193 GO:0005813
3	0.59	0.7963	1.86	0.41	0.84	1shzD	GO:0051301 GO:0030496 GO:0045121 GO:0007165 GO:0007049 GO:0031821 GO:0005525 GO:0005624 GO:0007186 GO:0005856 GO:0031683 GO:0005515 GO:0005815 GO:0006184 GO:0003924 GO:0050805 GO:0005834 GO:0016020 GO:0004871 GO:0005886 GO:0005737 GO:0031234 GO:0005813 GO:0000166 GO:0007193 GO:0005634 GO:0019001
4	0.59	0.7716	1.85	0.45	0.81	3c7kC	GO:0031175 GO:0010243 GO:0005525 GO:0031821 GO:0051926 GO:0014070 GO:0007186 GO:0032403 GO:0005624 GO:0009987 GO:0043547 GO:0005622 GO:0043234 GO:0006184 GO:0007568 GO:0007626 GO:0000166 GO:0008016 GO:0031852 GO:0042542 GO:0003924 GO:0004871 GO:0007165 GO:0019717 GO:0034097 GO:0030900 GO:0043278 GO:0007212 GO:0005834 GO:0042493 GO:0019001
5	0.59	0.7907	2.05	0.41	0.84	1tndA	GO:0001664 GO:0050908 GO:0019003 GO:0007165 GO:0051344 GO:0000166 GO:0007601 GO:0009416 GO:0009586 GO:0007188 GO:0004871 GO:0032391 GO:0000035 GO:0019901 GO:0031683 GO:0031234 GO:0050896 GO:0007603 GO:0042622 GO:0001750 GO:0007602 GO:0050917 GO:0003924 GO:0001917 GO:0008283 GO:0006184 GO:0007186 GO:0005525 GO:0005834 GO:0001580 GO:0042462 GO:0019001
6	0.58	0.7966	2.62	0.39	0.87	1agrA	GO:0005525 GO:0005624 GO:0007049 GO:0007165 GO:0045121 GO:0030496 GO:0005634 GO:0051301 GO:0007193 GO:0000166 GO:0005813 GO:0005515 GO:0031683 GO:0031234 GO:0005737 GO:0005886 GO:0004871 GO:0016020 GO:0005834 GO:0050805 GO:0003924 GO:0006184 GO:0005815 GO:0005856 GO:0007186 GO:0031821 GO:0019001 GO:0005622 GO:0030168 GO:0007268 GO:0007596 GO:0006810 GO:0007194 GO:0006906 GO:0042588
7	0.58	0.7834	1.94	0.42	0.83	3ab3A	GO:0004871 GO:0005525 GO:0007165 GO:0007186 GO:0019001
8	0.55	0.8095	2.46	0.28	0.88	2xtzA	GO:0006184 GO:0006571 GO:0005789 GO:0009845 GO:0005515 GO:0010119 GO:0009740 GO:0051020 GO:0016247 GO:0072593 GO:0004871 GO:0000166 GO:0042127 GO:0005525 GO:0008219 GO:0009738 GO:0009789 GO:0001789 GO:0009094 GO:0005095 GO:0009749 GO:0010244 GO:0003924 GO:0010027 GO:0005886 GO:0005834 GO:0007165 GO:0006471 GO:0007186 GO:0009785 GO:0009788 GO:0019001 GO:0043086 GO:0071215
9	0.55	0.7776	2.11	0.40	0.83	1zcaA	GO:0004871 GO:0005525 GO:0007165 GO:0007186 GO:0019001
10	0.54	0.7533	2.35	0.37	0.81	3ffbA	GO:0004871 GO:0005886 GO:0005834 GO:0050805 GO:0003924 GO:0006184 GO:0005815 GO:0005856 GO:0007186 GO:0005624 GO:0005525 GO:0031821 GO:0007049 GO:0007165 GO:0045121 GO:0030496 GO:0005634 GO:0051301 GO:0007193 GO:0000166 GO:0005813 GO:0005515 GO:0031683 GO:0031234 GO:0005737 GO:0016020 GO:0019001

Consensus prediction of GO terms

Molecular Function	GO:0003924	GO:0004871	GO:0005525	GO:0031683	GO:0031821	GO:0031852	GO:0035255	GO:0005096	GO:0019901	GO:0000035
GO-Score	0.99	0.99	0.99	0.98	0.93	0.86	0.66	0.60	0.59	0.59
Biological Process	GO:0007049	GO:0007193	GO:0051301	GO:0050805	GO:0043547	GO:0007191	GO:0045634	GO:0006471	GO:0009791	GO:0042733
GO-Score	0.84	0.84	0.84	0.84	0.83	0.66	0.60	0.60	0.60	0.60
Cellular Component	GO:0005834	GO:0030496	GO:0045121	GO:0005813	GO:0005634	GO:0019717	GO:0032391	GO:0001917	GO:0042622	
GO-Score	0.99	0.84	0.84	0.84	0.84	0.59	0.59	0.59	0.59	

(a) Cscore^{GO} is a combined measure for evaluating global and local similarity between query and template protein. It's range is [0-1] and higher values indicate more confident predictions.

(b) TM-score is a measure of global structural similarity between query and template protein.

(c) RMSD^{a} is the RMSD between residues that are structurally aligned by TM-align.

(d) IDEN^{a} is the percentage sequence identity in the structurally aligned region.

(e) Cov represents the coverage of global structural alignment and is equal to the number of structurally aligned residues divided by length of the query protein.

(f) The second table shows a consensus GO terms amongst the top scoring templates. The GO-Score associated with each prediction is defined as the average weight of the GO term, where the weights are assigned based on Cscore^{GO} of the template.

(b)

图 5.5 利用 I-TASSER 网络服务器对与无核苷酸的 Gs 异源三聚体复合的 beta-2 肾上腺素受体的冷冻电镜结构 (PDB ID：8GEA)A 链序列进行三级结构预测

(a) I-TASSER 主页；(b) I-TASSER 预测结果

5.2.3 从头预测法

序列数据库中的大量蛋白质序列与已知蛋白质结构没有任何序列相似性，这些序列对结构预测来说是最具挑战性的任务，需要使用不依赖先前已知结构的无模板预测方法。大多数从头算的蛋白质结构预测方法基于第一性原理：自然环境中的蛋白质倾向于采用自由能最低的结构构象。因此，基于序列的无模板结构预测可以通过最小化能量函数或直接模拟折叠过程来实现。

建立一个能区分蛋白质正确构象与其他构象的能量函数是从头预测模型中关键的一步。理想的能量函数应该能够精确表达蛋白质的所有原子空间位置及其能量之间的关系，通过最小化能量找到天然构象。基于物理的方法使用力场来模拟原子之间的相互作用，而基于知识的技术则依赖于存储在 PDB 中的解析结构，通过计算得到具有统计性质的区分参数，然后按照玻尔兹曼分布的原理反推出一个能量函数。

碎片组装的方法是目前最成功的从头预测方法之一，David Baker 等开发的 Rosetta 就是基于这一理论模型建立的。Rosetta 将基于物理和统计学知识的能量函数相结合，使用一个包含超过 140 个能量项的全原子能量函数来描述蛋白质结构，在 CASP 比赛中获得不断接近天然态结构的蛋白质预测结果[23]。除了人工设计能量函数以外，现在也可以通过机器学习的方法来设计能量项。例如，trRosetta 通过深度神经网络预测残基间距离和方向来构建能量函数，从而找到各能量项之间的最佳权重。

在确定能量函数后，从头预测的问题便成了一个优化问题。首先，产生初始随机点，然后通过优化算法进行能量最小化。由于蛋白质体系十分复杂，能量函数具有局部极小点，需要反复优化找到能量函数的全局极小点。可以用分子动力学 (MD)、蒙特卡罗模拟 (MC)、遗传算法、模拟退火技术以及图论算法等搜索构象。具有代表性的从头开始预测的蛋白质结构预测方法包括 Rosetta[24]、RoseTTAFold[25]、I-TASSER[22]、QUARK[26]、trRosetta[27]、AlphaFold[28] 以及 AlphaFold2[29] 等。

5.3 RNA 二级结构预测

5.3.1 RNA 二级结构预测方法

RNA 的二级结构是由 RNA 单链自身回折而形成的，包括部分碱基配对和单链交替出现的茎环结构。碱基互补配对形成的双螺旋区域又称为茎区，而未形成互补配对的单链部分则组成环区。根据单链碱基所处的位置，环区可以进一步细分为发卡环、内环、多分支环等。茎区内碱基间的氢键相互作用赋予二级结构以稳定性，而环区的存在使得 RNA 分子的自由能升高，减弱了整体结构的稳定性。RNA 二级结构预测的问题是预测在给定的 RNA 序列中哪两个核苷酸会形成碱基对。RNA 二级结构可以用点括号表示法中的字符串表示，其中相应的左括号 "(" 和右括号 ")" 处的两个碱基形成碱基对，而点 "." 处的碱基不与任何碱基形成碱基对。

20 世纪 70 年代以来，RNA 二级结构预测一直是研究的热点问题。在这个领域的先驱性工作之一是 Nussinov 算法基于 "RNA 结构的自由能随着碱基对的形成而减小，从而导致更大的稳定性" 的假设，利用动态规划计算具有最大碱基对数目的二级结构。使用热力学自由能参数计算最小自由能的 RNA 二级结构是被广泛采用的预测 RNA 二级结构的方法。

RNA 二级结构的从头计算模型大致可分为三类：最近邻模型 (nearest neighbor model)、概率生成模型 (probabilistic generative model) 和深度学习模型 (deep learning model)。最近邻模型根据闭合碱基对的数量将 RNA 二级结构分解为发夹环、堆叠环、凸起环、内环、多分支环和外环等环状亚结构。每个环状亚结构都通过能量参数进行参数化，这些参数由核苷酸数量、环的长度等因素进行表征。这些能量参数的值通过实验方法或机器学习确定。给定 RNA 二级结构的自由能可以计算为从该结构分解出的各环状亚结构的自由能之和。Zuker 等提出了基于动态规划模型的 Zuker 算法，寻找在给定 RNA 序列形成的所有可能二级结构中最小化自由能的次要结构。

Mfold/UNAfold、RNAfold 和 RNAstructure 等方法通过实验确定自由能参数。例如 Turner 的自由能参数被广泛应用于热力学计算方法，包括多达 12700 个参数。另外，CONTRAfold 和 ContextFold 等方法利用机器学习从成对的 RNA 序列及其相应的二级结构数据中确定能量参数。机器学习模型不依赖于实验，参数可以更为全面地描述二级结构特征，但容易发生过拟合。

为了克服这些限制，SimFold 通过机器学习的方法修改了 Turner 的自由能参数。MXfold 则将 Turner 的自由能参数与通过结构化支持向量机训练的参数相结合，并通过热力学参数减少了对未观察到亚结构的过拟合。MXfold2 利用深度学习计算环状亚结构的四种类型分数并与 Turner 的能量参数结合，从而实现了高度准确且稳健的二级结构预测。Eddy、Durbin 以及 Sakakibara 作为概率生成模型来模拟不含假结的 RNA 二级结构。最近邻模型可以预测 RNA 的假结亚结构单元，如 Rivas-Eddy 模型、Dirks-Pierce 模型和 Cao-Chen 模型等。

2019 年，周耀旗等开发了基于深度学习的 RNA 二级结构预测方法 SPOT-RNA[30]。SPOT-RNA 主要包括两个部分：①初始训练，通过从具有超过 100000 个自动注释二级结构的 RNA 序列的大型数据库 bpRNA 中构建非冗余 RNA 序列集来训练 ResNets 和 LSTM 模型；②迁移学习，将第一步训练后的模型迁移到另一个高分辨率非冗余 RNA 序列数据集进行进一步训练和预测。传统的 RNA 二级结构预测模型必须有精确的能量参数来捕获非正则碱基对，并且需要复杂的算法来进行全局最小搜索来对假结配对进行解释。SPOT-RNA 可以对所有的碱基对进行训练和预测。SPOT-RNA 在多个数据集上采用不同的评价指标分别进行了对比，取得了一致性的优异表现。现在，预测 RNA 二级结构的主流模型是机器学习并结合实验信息来确定最近邻模型的能量参数。在表 5.2 中，我们提供了多种 RNA 二级结构预测工具的简要介绍。读者可以根据兴趣自行深入了解。

表 5.2 RNA 二级结构预测方法

方法	时间	模型	网址
RNAstructure[31]	1999	最近邻模型	https://ran.urmc.rochester.edu/RNAstructure.html
PKNOTS[32]	1999	最近邻模型	https://github.com/EddyRivasLab/PKNOTS
Mfold/UNAfold[33,34]	2003	最近邻模型	http://www.unafold.org/
RNAfold[35]	2003	最近邻模型	https://www.tbi.univie.ac.at/RNA/
SimFold[36]	2007	最近邻模型	https://www.cs.ubc.ca/labs/algorithms/Projects/RNA-Params/
LinearFold[37]	2019	最近邻模型	https://github.com/LinearFold/LinearFold
CONUS[38]	2004	概率生成模型	http://eddylab.org/software/conus/
SPOT-RNA[30]	2019	深度学习模型	https://github.com/jaswindersingh2/SPOT-RNA
E2Efold	2020	深度学习模型	https://github.com/ml4bio/e2efold
MXfold2[39]	2021	深度学习模型	https://github.com/mxfold/mxfold2
EternaFold[40]	2022	最近邻模型	https://github.com/eternagame/eternafold
Ufold[41]	2022	深度学习模型	https://github.com/uci-cbcl/UFold
NeuralFold[42]	2022	深度学习模型	https://github.com/keio-bioinformatics/Neuralfold

5.3.2 RNA 二级结构预测实例

如图 5.6 所示，我们将以 RNAfold 为例，预测 Sarcin-Ricin 环 RNA 的 X 射线/中子联合结构 (PDB ID：7UCR) 的二级结构。

```
>7UCR_1|Chain A|Sarcin-Ricin loop RNA|Homo sapiens(9606)
UGCUCCUAGUACGAGAGGACCGGAGUG
```

(a)

5.3 RNA 二级结构预测

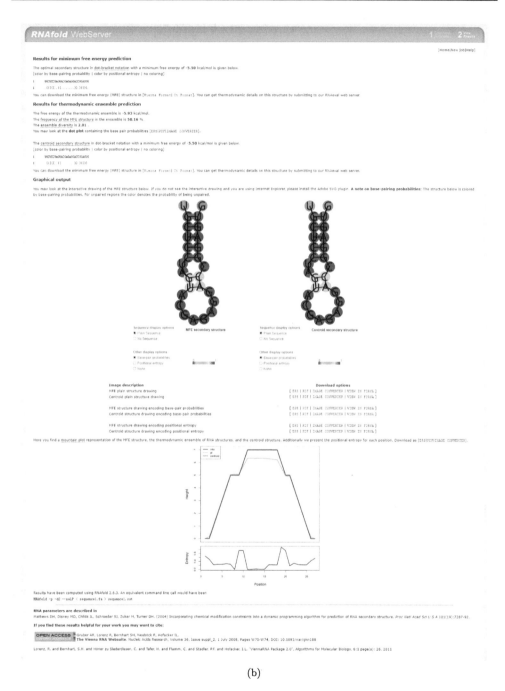

(b)

图 5.6 利用 RNAfold 预测 RNA 二级结构举例

(a) 为 RNAfold 预测工具首页；(b) 为 Sarcin-Ricin 环 RNA 的 X 射线/中子联合结构 (PDB ID：7UCR) 的预测二级结构

5.4 RNA 三级结构预测

通常，RNA 需要折叠成特定的三级结构才能发挥其生物学功能。例如，核酶只有在折叠成天然三级结构时才具有催化反应功能，而核糖开关则通过代谢物结合时三级结构的动态变化来调节基因表达。RNA 一级结构的折叠通常包括两个步骤：首先是碱基配对，形成核苷酸链的二级结构，然后通过氢键、静电等复杂相互作用，进一步折叠成三级结构[43,44]。

与 Anfinsen 在 1973 年提出的蛋白质三级结构的热力学假说类似，在结构预测中，RNA 分子的天然态结构也被假定为分子系统自由能的全局最小值。近年来，已经开发了许多计算模型来预测 RNA 三级结构，这些模型通常包括以下几个步骤：①RNA 构象生成：理论预测模型根据输入信息生成 RNA 三维候选结构的集合。这些信息可以是 RNA 一级序列，也可以是二级结构，甚至可以包括额外的物理化学约束等。例如，特定的实验信息或是特定原子对之间的距离，以及特定核苷酸之间的配对等。通常情况下，理论预测模型可以根据序列信息或二级结构信息生成不同类型的 RNA 结构的结构集合。现有的 RNA 三级结构生成方法根据生成方法可分为从头预测的方法、基于知识的片段组装方法。②RNA 预测结构评估：通过构建能量函数评估并筛选近天然态 RNA 构象。一个出色的能量函数应该能够从构象采样过程中生成的三级结构集合中评估并筛选出最接近天然态结构的结构。这些能量函数通常是基于 RCSB PDB 结构数据库中的天然态 RNA 结构开发的，包括基于物理的、知识的和深度学习的能量函数。③进一步优化近天然态 RNA 构象：通过能量函数挑选出来的近天然态结构在局部结构区域可能包含一些不合理的缺陷，比如不合理的原子碰撞，以及不自然的键长键角。最后的优化过程旨在改善这些局部缺陷，同时使得整体结构更接近天然态。下面我们将详细介绍 RNA 构象生成方法以及 RNA 构象评估方法。

5.4.1 RNA 构象生成

现有的 RNA 三级结构生成方法可分为从头预测的方法和基于模板的方法。

从头预测的 RNA 构象生成方法也被称为基于物理的方法，通常基于第一性原理，认为天然态 RNA 构象是能量最低的状态。因此，最自然的方式是使用分子动力学来模拟其从序列到结构的折叠过程。理论上，Amber、Charmm、Gromacs 等全原子分子动力学模拟可以用于预测 RNA 三级结构。然而，受限于当前计算速度的能力和分子力场的精度，使用全原子模型难以模拟 RNA 分子的折叠过程。因此，通常采用粗粒度方法来模拟 RNA 分子的折叠，它使用几个虚拟原子来表示核苷酸，并采用简化的力场或能量函数来计算虚拟原子之间的相互作用。目前的粗粒化模型主要包括单原子模型 (one-bead nucleotide model)、三原子模型 (threebead nucleotide model)、五原子模型 (five-bead nucleotide model) 以及更高分辨率的六原子/七原子模型 (six/seven-bead nucleotide model)。

最经典的单原子模型便是 YUP 模型[45]，该模型使用磷 (P) 原子来表示一个核苷酸。通过谐波势函数来描述几何约束，如键长、键角和二面角等，再通过蒙特卡罗方法来模拟 RNA 三级结构的折叠过程，随后从构象集合中选择能量最低的结构作为最终预测结构。类似的，NAST 使用 C3′ 原子来表示每个核苷酸，并通过键长、键角、二面角以及 Lennard-Jones 势等构建能量函数，此外 NAST 还可以整合小角 X 射线散射数据和实验溶剂可及性等实验数据进行结构筛选[46]。但是，由于粗粒化程度过大，单原子模型始终无法提供 RNA 三级结构的细节。

以 iFoldRNA 为例，三原子模型通常使用位于磷酸基团质心、五碳糖环中心和碱基的硫原子环中心的三个虚原子来表示核苷酸，从而将每个核苷酸的磷酸基团、核糖和碱基简化为三个原子[47]。成键能量项由键长、键角和二面角构成，非成键能量项由碱基配对、碱基堆叠和疏水相互作用等构成。该方法采用离散分子动力学模拟来模拟 RNA 的折叠，再通过聚类方法从 RNA 的序列预测其三级结构。iFoldRNA 可以较好地预测短 RNA(<50nt①) 三级结构。

五原子模型使用五个虚拟原子来表示核苷酸，相比三原子模型而言，用位于碱基的三个原子更加细化了碱基的构象表示。在 SimRNA 中，分别用磷酸基团中的磷 (P) 原子、五碳糖中的 C4′ 原子，嘧啶中的 C2 原子、N1 原子和 C4 原子 (嘌呤中的 C2 原子、N9 原子和 C6 原子) 来表示一个核苷酸。此外，也可以将二级结构等约束信息添加到 SimRNA 中来提高其精确度[48]。

而更高精度的六原子/七原子模型则使用六到七个虚拟原子来表示核苷酸。以 HiRE-RNA 为例，分别使用五个重原子 (P、O5′、C5′、C4′ 和 C1′) 来表示磷酸基团和五碳糖环，而碱基则使用位于碱基环中非氢原子的质心位置的虚拟原子来表示。HiRE-RNA 可以捕获更多的原子细节，从而更好地折叠 RNA 结构[49]。

各种从头预测的粗粒度模型的一个重要优势是它们可以仅基于不同的具体力场和各种蒙特卡罗 (MC) 和分子动力学模拟 (MD) 构象采样算法在有限的时间内模拟 RNA 的折叠过程，从而从序列中获取折叠的三级结构和热力学性质。然而，由于这种方法使用简化的核苷酸模型和能量函数，损失了原子细节，它们的准确性随着 RNA 长度和拓扑结构的增加而降低，因此在预测更为复杂的 RNA 结构中依然面临巨大挑战。

实际上，RNA 的三级结构可以划分为不同的结构单元。与从头预测方法不同，基于模板的方法使用其他分子的三级结构作为模板。不管是使用其他分子的整个结构作为模板的同源建模方法，还是使用其他分子的局部结构作为模板的片

---

① nt 为 nucleotide，核苷酸长度单位。

段组装法,在这里都被统称为基于模板的方法。与从头预测方法在原子级别对构象空间进行采样不同,基于片段的建模方法在基本结构单元之间对构象空间进行采样,从而提升构象空间采样的效率。由于每个结构单元都可能有多个模板,因此基于模板的三级结构预测方法的关键问题在于构建模板库以及构建精确的能量函数来选择合适的模板。一般来说,在找不到某个基本结构单元的模板的情况下,将使用理论方法为其生成候选模板。可以通过有效结合同源建模与片段组装方法,获取不同尺寸的可用模板,从小片段到中等片段再到整个结构,从而更加高效且高精度地构建 RNA 的三级结构。

例如,Das 等提出了基于模板 (三核苷酸片段) 的片段组装方法 FARNA/FARFAR,用于预测 RNA 的三级结构[50-52]。FARNA/FARFAR 通过特定的基于知识的能量函数和蒙特卡罗算法引导 RNA 三级结构的组装,并在此基础上发展了 FARFAR2,以进一步提高预测准确性。另外,Popenda 等开发的 RNAComposer 是基于二级结构的片段组装方法,用于预测 RNA 三级结构[53]。该方法使用最小的二级结构元素 (smallest secondary element,SSE) 作为基本单元,实现了较高精度的 RNA 三级结构预测。与 RNAComposer 相似,肖奕等开发的 3dRNA 也使用 SSE 作为构建 RNA 三级结构的基本单元[54,55]。3dRNA 首先将目标 RNA 分解为 SSE,并在 3D 模板库中搜索其 3D 模板,将所有 SSE 的 3D 模板组装成一个完整的三级结构。随后,通过直接耦合分析 (direct coupling analysis,DCA) 从同源序列或多序列比对 (MSA) 中推断核苷酸间的接触,作为优化组装结构的约束。在分子力场和能量函数的指导下,使用模拟退火蒙特卡罗 (SAMC) 方法对组装的结构进行进一步优化。最后,通过聚类算法对优化的结构进行聚类,再使用能量函数 3dRNAscore 进行排名,从而挑选出接近天然状态的 RNA 三级结构。3dRNA 在不同类型的 RNA 上表现出较高的准确性,并且还可以预测环形 RNA 的三级结构。谭志杰等开发了基于二级结构的片段组装方法 FebRNA 来预测 RNA 三级结构[56]。该模型根据二级结构的类型和长度选择几乎所有的模板,而不考虑序列,并根据带有盐效应的粗粒化模型将所有原子片段转化为粗粒化片段,从而产生了一个包含大量组装结构的全局粗粒化 3D 候选集合。使用粗粒化的能量函数 cgRNASP 来评估预测的结果[57]。然后,挑选出的排名靠前的粗粒化结构被重建为全原子结构。FebRNA 可以可靠且高效地预测不同类型 RNA 的三级结构[56]。

其他 RNA 三级结构预测方法就不在此一一详细描述了。在表 5.3 中,我们提供了多种 RNA 三级结构预测工具的简要介绍。读者根据兴趣可以自行深入了解。

5.4.2 RNA 预测结构评估

一般而言,RNA 三维结构预测方法会为目标 RNA 生成一个包含多个候选结构的集合。因此,构建能够对 RNA 三维结构进行有效评估的能量函数至关重要。

5.4 RNA 三级结构预测

表 5.3　RNA 三级结构预测方法

模型	类型	方法	网址
YUP	从头预测	单原子模型	https://mmtsb.org/namodel.html
NAST	从头预测	单原子模型	https://simtk.org/home/nast
iFoldRNA	从头预测	三原子模型	https://dokhlab.med.psu.edu/ifoldrna
SimRNA	从头预测	五原子模型	https://genesilico.pl/SimRNAweb
IsRNA	从头预测	四/五原子模型	http://rna.physics.missouri.edu/IsRNA/index.html
HiRE-RNA	从头预测	六/七原子模型	N/A
FARNA/FARFAR/FARFAR2	基于模板	三核苷酸片段	https://rosie.rosettacommons.org/farfar2
RNAComposer	基于模板	SSE	http://rnacomposer.ibch.poznan.pl
3dRNA	基于模板	SSE	http://biophy.hust.edu.cn/new/3dRNA
Vfold3D	基于模板	粗粒化 SSE	http://rna.physics.missouri.edu/vfold3D/
VfoldLA	基于模板	SSE	http://rna.physics.missouri.edu/vfoldLA/
FebRNA	基于模板	粗粒化 SSE	https://github.com/Tan-group/FebRNA

受益于蛋白质结构预测领域的进展，目前已经提出了多个基于知识的能量函数用于评估 RNA 三维结构。

现有的能量函数几乎都是基于反玻尔兹曼方程构建的，通过原子之间的距离或角度等几何参数 X 之间的统计差异来区分天然态 RNA 与诱饵结构，从而有效地挑选出近天然态结构。由反玻尔兹曼方程，能量 ΔE 可表示为几何参数 X 的函数：

$$\Delta E(X) = -k_{\rm B} T \ln \left[\frac{P^{\rm obs}(X)}{P^{\rm ref}(X)} \right] \tag{5.1}$$

其中，$k_{\rm B}$ 和 T 分别表示玻尔兹曼常量和温度；$P^{\rm obs}(X)$ 和 $P^{\rm ref}(X)$ 分别表示在天然态结构和参考态结构中几何参数 X 的概率。因此参考状态的选择，以及两个原子或多个原子之间的几何参数 X 对构建能量函数至关重要。

参考状态是一个理想状态，其中分子或原子之间不存在相互作用。由于这是一个理论上的概念，实际上很难直接获取，因此，研究人员发展了多种近似方法，以在统计势能建模中使用。这些近似方法包括：平均参考态 (averaging)、准化学近似 (quasi-chemical approximation)、有限理想气体 (finite-ideal-gas)、球形非相互作用 (spherical-non-interacting)、随机行走链 (random-walk-chain)、原子重排 (atom-shuffled) 在内的近似参考态。每种方法都有其优势和局限性，需要在具体应用中进行权衡和选择。

例如，谭志杰等开发的 rsRNASP 是一个全原子的距离相关的统计势能，共包含 85 种原子类型[58]。分别采用了平均参考态和随机行走链来提取局部相互作用和非局部相互作用。为了更高效地对 RNA 三级结构进行评估，谭志杰等开发了粗粒化的能量函数 cgRNASP。该方法在 rsRNASP 的基础上显式添加了最近邻核苷酸和次近邻核苷酸之间的相互作用，更有效地考虑局部相互作用，取得了高效且精确的表现[57]。而肖奕等开发的 3dRNAscore 是基于平均参考态的全原子距离以及和扭转角相关的能量函数。3dRNAScore 涉及 85 种全原子类型和 7 种扭转角类型。研究表明，添加基于扭转角的能量项有助于提高能量函数的性能。

其他 RNA 三级结构评估方法就不在此一一赘述了。在表 5.4 中，我们提供了多种 RNA 三级结构评估工具的简要介绍。读者根据兴趣可以自行深入了解。

表 5.4　RNA 三级结构评估方法

能量函数	参考态	几何参数	网址
RASP	平均参考态	原子对距离	http://melolab.org/webrasp/home.php
KB potential	准化学近似	原子对距离	N/A
DFIRE-RNA	有限理想气体	原子对距离	https://github.com/tcgriffith/dfire_rna
rsRNASP	平均参考态 + 随机行走链	原子对距离	https://github.com/Tan-group/rsRNASP
cgRNASP	平均参考态 + 有限理想气体	原子对距离	https://github.com/Tan-group/cgRNASP
3dRNAscore	平均参考态	原子对距离 + 扭转角	http://biophy.hust.edu.cn/new/resources/3dRNAscore

如图 5.7 所示，接下来我们将以 3dRNA 为例，预测 Sarcin-Ricin 环 RNA 的 X 射线/中子联合结构 (PDB ID：7UCR) 的三级结构。

(a)

5.4 RNA 三级结构预测

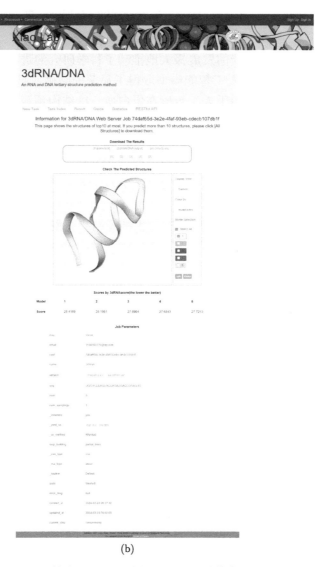

(b)

图 5.7　利用 3dRNA 预测 RNA 三级结构举例

(a) 为 3dRNA 预测工具首页；(b) 为 Sarcin-Ricin 环 RNA 的 X 射线/中子联合结构 (PDB ID：7UCR) 的预测三级结构

```
>7UCR_1|Chain A|Sarcin-Ricin loop RNA|Homo sapiens(9606)
UGCUCCUAGUACGAGAGGACCGGAGUG
```

5.5 基于人工智能的结构预测

近年来，人工智能的发展极大地推动了科学研究的进展。在蛋白质结构预测领域，Alphafold2 等人工智能模型取得了显著的突破，被誉为 2021 年 *Science* 十大科学突破之一。由于人工智能在蛋白质三维结构预测方面的卓越表现，近年来也涌现出一些基于人工智能的 RNA 三维结构预测方法。总体而言，由于 PDB 结构数据库中可用的 RNA 三级结构数据远少于蛋白质，并且 RNA 的柔性特性会诱导复杂的构象变化，基于深度学习的 RNA 三维结构预测方法的发展仍然较为缓慢。接下来，我们将介绍最近开发的基于人工智能的蛋白质和 RNA 三维结构预测方法。

在 2018 年，王炜等利用 3D 卷积神经网络开发了两个 RNA 三级结构评估方法：RNA3DCNN_MD 和 RNA3DCNN_MDMC，用于对 RNA 三级结构进行局部和全局的质量评估[59]。RNA3DCNN 直接使用 RNA 结构的 3D 网格表示作为输入，而无需手动提取 RNA 结构相关特征。RNA 结构的评估是基于每个核苷酸的评估。将待评估的核苷酸及其周围的原子视为输入的 3D 图像，输出是基于 RMSD 的核苷酸不适应度评分，该评分表征了核苷酸与其周围环境的适应程度。为每个核苷酸分配一个不适应度分数，一个结构的评估分数等于其所有核苷酸的不适应度分数的总和。得分为 0 表示核苷酸完全适合其周围环境并处于其天然构象中。通过最小–最大缩放将核苷酸的不适应度评分归一化为 [0,1]。RNA3DCNN 使用 414 个天然 RNA 构建训练数据集。根据其长度，将 414 个 RNA 随机分为两组，即 332 个 RNA 用于训练，82 个 RNA 用于 RNA3DCNN 训练过程的验证。训练样本分别通过蒙特卡罗 (MC) 采样和分子动力学 (MD) 模拟生成。对于 414 个 RNA 中的每一个结构，运行 40ns 的模拟退火分子动力学模拟，并使用 RNA 三维结构建模软件 Rosetta 对 RNA 3D 结构进行采样。RNA3DCNN 的性能与传统的统计势能 (3dRNAscore、KB、RASP 和 Rosetta) 相比相似，对于 RNA-Puzzles 测试集的表现明显更好。

在 2020 年，Senior 等首次开发了 AlphaFold，通过预测蛋白质中每对氨基酸之间的距离分布和连接它们的化学键之间的角度，将所有氨基酸对的测量结果整合成 2D 的距离直方图，从而预测蛋白质的三级结构[28]。随后，Jumper 在此基础上将卷积神经网络替换为 Attention，于 2021 年推出了 AlphaFold2，并在蛋白质预测比赛 CASP14 中取得了超过 90% 的准确度[29]。具体而言，AlphaFold2 利用了多序列比对 (MSA)，将蛋白质的结构和生物信息整合到深度学习算法中。它由两个主要部分组成：神经网络 EvoFormer 和结构模块 (structure module)。在 EvoFormer 中，图网络 (graph network) 和多序列比对被结合起来用于分析蛋白质中氨基酸之间的相互作用。而结构模块的主要任务是通过 3D 旋转等变网络将

EvoFormer 获得的信息转换为蛋白质的 3D 结构。最后通过回收机制来迭代优化蛋白质三级结构。这使得 AlphaFold2 能够从蛋白质序列端到端 (end-to-end) 地预测蛋白质的三级结构。AlphaFold2 取得了巨大的成功，它可以预测许多蛋白质的结构，其准确性可与实验测定技术相媲美。AlphaFold2 基本解决了生物学领域长达五十多年的蛋白质三维结构预测难题[28,29]。

2020 年，杨建益等开发了蛋白质三级结构预测方法 trRosetta，该方法采用深度学习来评估残基间的距离、两个不同的角以及长距离残基对的相对取向[60]。trRosetta 使用了预测的残基间距离和角度来构建仅包含少数能量项的能量函数，通过对蛋白质三级结构的能量进行评估和选择，挑选出能量最低的结构。在蛋白质结构预测方法 trRosetta 的基础上，杨建益等在 2023 年开发了基于 transformer 网络框架的 RNA 三级结构预测方法 trRosettaRNA[61]。trRosettaRNA 遵循了 trRosetta 的两步过程：首先通过 transformer 网络预测一维方向和二维接触、距离、方向等几何形状。然后通过能量最小化过程生成 RNA 三级结构。trRosettaRNA 在全原子 RMSD 方面的性能与 DeepFoldRNA 相似，但能够更实际地预测侧链原子。

2021 年，Baker 等提出了 RoseTTAFold，这是一种基于三轨网络的蛋白质三级结构预测方法[25]。该方法整合了来自一维序列、二维距离图和三维坐标的信息。与 AlphaFold2 不同，RoseTTAFold 采用 SE(3)-Transformer 来从残基间距离中重建蛋白质的三维结构。尽管 RoseTTAFold 在训练神经网络时使用的计算资源明显较少，但其准确性接近于 AlphaFold2。

同年，Townshend 等开发了 RNA 三级结构评估方法 ARES (atomic rotationally equivariant scorer)[62]。ARES 使用每个原子的三维坐标和化学元素类型构建结构模型，预测模型与未知真实结构之间的 RMSD。ARES 是一个深度神经网络，由多个处理层组成，每一层的输出作为下一层的输入。该网络具有独特的架构，使其能够直接从 3D 结构中学习，并在极少量的实验数据下有效地学习。ARES 不包含结构模型的具体特征与评估准确性相关的假设，例如双螺旋、碱基对、核苷酸或氢键等概念。ARES 只使用了 18 个 RNA 分子进行训练。ARES 的每一层都是旋转和平移等变的，确保其输出的相应变换可以通过其输入的旋转或平移实现，因此，ARES 的初始层可以在局部收集信息，有助于识别更精细的结构，而剩余的层则汇总所有原子的信息并捕捉 RNA 的全局性质。值得注意的是，ARES 的参数是通过包含由 FARFAR2 生成的 18 个目标 RNA 的伪装结构的训练集进行优化的。ARES 在评估 FARFAR2 的结构方面表现出色，而在包括 RNA-Puzzles 数据集在内的现有的测试数据集中表现普通。

DeepFoldRNA 是张阳等于 2023 年开发的一种基于深度学习的全自动端到端的 RNA 三级结构预测方法[63]。它主要由约束生成模块和结构构建模块组成。

在约束生成模块中，首先通过 rMSA 迭代搜索多个核酸序列数据库，获取目标 RNA 的多序列比对。然后利用基于自注意力机制的神经网络模型来预测成对距离和扭转角度等几何约束，并在结构构建模块中将预测的几何约束转化为势能。通过 limited-memory Broyden-Fletcher-Goldfarb-Shanno (L-BFGS) 最小化算法，DeepFoldRNA 实现了 RNA 三级结构的端到端的预测。

其他基于人工智能的蛋白质三级结构预测和 RNA 三级结构预测方法就不在此一一赘述了。表 5.5 给出了多种基于人工智能的蛋白质三级结构预测工具和 RNA 三级结构预测工具的简要介绍。读者可以根据兴趣自行深入了解。

表 5.5 基于人工智能的蛋白质三级结构预测方法和 RNA 三级结构预测方法

模型	时间	对象	类型	神经网络特点	网址
AlphaFold	2020	蛋白质	结构预测	卷积残差网络	https://github.com/google-deepmind/alphafold
AlphaFold2	2021	蛋白质	结构预测	注意力机制	https://colab.research.google.com/github/sokrypton/ColabFold/blob/main/AlphaFold2.ipynb
RoseTTAFold	2021	蛋白质	结构预测	三轨神经网络	https://github.com/RosettaCommons/RoseTTAFold
NEMO	2019	蛋白质	结构预测	神经能量函数 + 蒙特卡罗模拟	N/A
RGN/RGN2	2019/2022	蛋白质	结构预测	同时优化局部和全局几何的端到端可微模型	https://github.com/aqlaboratory/rgn
GDFold	2020	蛋白质	结构预测	预测残基间接触	http://structpred.life.tsinghua.edu.cn/server_gdfold2.html
trRosetta	2020	蛋白质	结构预测	预测残基间距离和方向	https://yanglab.qd.sdu.edu.cn/trRosetta/
ESMFold	2022	蛋白质	结构预测	150 亿参数的超大蛋白质语言模型	https://github.com/facebookresearch/esm
CopulaNet	2021	蛋白质	结构预测	利用 MSA 预测残基距离	http://github.com/fusong-ju/ProFOLD
DeepFold	2022	蛋白质	结构预测	卷积残差神经网络	https://zhanggroup.org/DeepFold/
RhoFold	2022	RNA	结构预测	语言模型	https://github.com/ml4bio/RhoFold
DeepFoldRNA	2023	RNA	结构预测	注意力机制	https://zhanggroup.org/DeepFoldRNA/
trRosettaRNA	2023	RNA	结构预测	transformer	https://yanglab.qd.sdu.edu.cn/trRosettaRNA/

续表

模型	时间	对象	类型	神经网络特点	网址
eqRNA	2023	RNA	结构预测	欧几里得神经网络	https://bitbucket.org/dokhlab/eprna-euclidean-parametrization-of-rna/src/master/
RNA3DCNN	2018	RNA	结构评估	3D卷积神经网络	https://github.com/lijunRNA/RNA3DCNN
RNACGN	2022	RNA	结构评估	图卷积神经网络	https://gitee.com/dcw-RNAGCN/rnagcn
ARES	2021	RNA	结构评估	等变卷积网络	http://drorlab.stanford.edu/ares.html

5.6 小　　结

　　了解蛋白质和 RNA 等生物大分子的三级结构不仅在理论层面为生命科学提供了深化认识的途径，也在应用层面为药物研发、材料科学等相关领域的创新提供了基础支持。随着计算预测精度的不断提高，结构预测方法已经逐渐成为实验确定 RNA-蛋白质结构的替代手段，成为分子生物学家越来越青睐的工具。但是蛋白质和 RNA 三级结构预测依然面临诸多挑战。例如，如何从单序列出发，准确高效地预测蛋白质的三级结构；如何解决在小数据集上过拟合导致的数据倾向性；如何解决 RNA 柔性诱导的构象变化；如何从功能出发，进行蛋白质和 RNA 的序列设计。我们相信，随着蛋白质和 RNA 结构数据的增加以及基于物理的建模技术和计算技术的进步，蛋白质和 RNA 等大分子 3D 结构建模将取得令人兴奋的发展。

5.7 课　后　练　习

　　习题 1　蛋白质和 RNA 等大分子结构预测有什么研究意义？
　　习题 2　蛋白质二级结构预测的主要研究方法有哪些？
　　习题 3　蛋白质三级结构预测的主要研究方法有哪些？
　　习题 4　RNA 二级结构预测的主要研究方法有哪些？与蛋白质二级结构预测有什么区别？
　　习题 5　RNA 三级结构预测的主要研究方法有哪些？与蛋白质三级结构预测有什么区别？
　　习题 6　激酶 (kinase) 蛋白是可以从高能供体分子 (如 ATP) 转移磷酸基团到特定靶分子 (底物) 的酶，这一过程谓之磷酸化。CDK2 是一种激酶蛋白，和细胞分裂、肿瘤细胞的形成有重要的关系。试分别用 SWISS-MODEL 和 I-TASSER 预测 CDK2 的蛋白质结构，并比较结果的差异。CDK2 的实验结构为 1FIN。

```
>1FIN:A|PDBID|CHAIN|SEQUENCE
```

```
MENFQKVEKIGEGTYGVVYKARNKLTGEVVALKKIRLDTETEGVPSTAIREIS
LLKELNHPNIVKLLDVIHTENKLYLVFEFLHQDLKKFMDASALTGIPLPLIKSY
LFQLLQGLAFCHSHRVLHRDLKPQNLLINTEGAIKLADFGLARAFGVPVRTY
THEVVTLWYRAPEILLGCKYYSTAVDIWSLGCIFAEMVTRRALFPGDSEIDQL
FRIFRTLGTPDEVVWPGVTSMPDYKPSFPKWARQDFSKVVPPLDEDGRSLLS
QMLHYDPNKRISAKAALAHPFFQDVTKPVPHLRL
```

习题 7 核糖开关 (riboswitch) 是 2002 年在细菌中作为一种基于 RNA 的胞内维生素传感器而被发现的。近十年的研究表明，核糖开关能与一系列小分子代谢物和铁离子结合并对转录、翻译、剪切、RNA 稳定性实施调控作用，对开发抗生素、设计新型分子传感器等具有重要的指导意义。试分别用 3dRNA 和 RNAComposer 预测 1Y26 的 RNA 结构，并比较结果的差异。核糖开关 1Y26 的序列如下：

```
>1Y26:X|PDBID|CHAIN|SEQUENCE
CGCUUCAUAUAAUCCUAAUGAUAUGGUUUGGGAGUUUCUACCAAGAGC
CUUAAACUCUUGAUUAUGAAGUG
```

习题 8 除了本书所讲述的蛋白质、RNA 或 DNA 等生物大分子结构预测的研究成果外，试举例说明目前最新的生物大分子结构预测成果与进展。

习题 9 试讲述蛋白质和 RNA 结构预测的发展方向。

延 展 阅 读

1. 蛋白质结构预测比赛 CASP(https://predictioncenter.org/)

如图 5.8 所示，CASP(critical assessment of structure prediction) 是一项自 1994 年开展的结构预测比赛，是确定和推进计算结构生物学的最新技术[17]。每两年，参与者被邀请提交一组实验结构尚未公开的大分子和大分子复合物 (蛋白质、RNA、配体) 模型。在 2022 年的最新一轮 CASP15 中，来自世界各地的近 100 个团队提交了超过 53000 个模型，涉及五个建模类别的 127 个建模目标。然后，独立评估员将模型与实验进行比较。

CASP 在计算结构的准确性方面出现了巨大的飞跃。2020 年，CASP14 在针对单个蛋白质和结构域的预测比赛中，发现许多模型在准确性上与实验的精度相当。2022 年，CASP15 蛋白质复合物结构预测比赛的准确性大幅度提高。这些进步主要是 Alphafold2 等深度学习方法成功应用的结果。在深度学习方法的影响下，2022 年，CASP15 比赛重新调整了建模类别，CASP 还将与 CAPRI(蛋白质复合物预测比赛) 和 RNA puzzles(RNA 结构预测比赛) 密切合作。

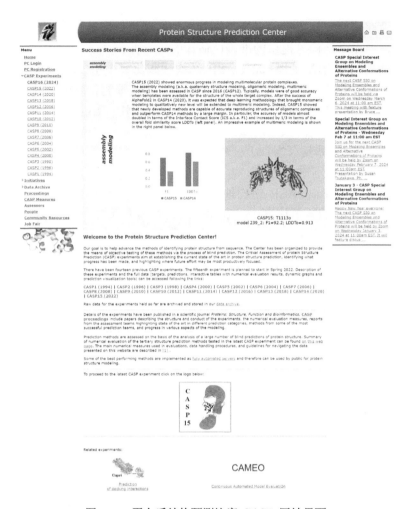

图 5.8 蛋白质结构预测比赛 CASP 网址界面

2024 年开展的 CASP16 的建模类型分别有：单蛋白质和结构域、蛋白质复合物、准确性评估、核酸结构和复合物、蛋白质-有机配体复合物、大分子构象集合以及整合建模。

单蛋白质和结构域。将评估单个蛋白质以及在适当的情况下单个蛋白质域的准确性，采用已建立的度量标准。主要强调模型的细粒度准确性，包括是否克服了与序列比对深度和目标大小相关的限制，是否准确捕捉了域间关系。

蛋白质复合物。将评估当前方法正确建模亚单位-亚单位和蛋白质-蛋白质相互作用的能力，并与 CAPRI 合作伙伴密切合作。在上一轮 CASP 结构预测比赛中，蛋白质复合物结构预测方法取得了巨大的进展，但准确性还是比蛋白质单体结构预测的精度低，仍有较大的进步空间。

准确性评估。将对提供的多聚合物复合物和亚单位间界面的准确性进行合理性评估，强调提交结构时提供的准确性估计的可靠性。

核酸结构和复合物。上一轮 CASP 结构预测比赛中引入了 RNA 结构预测，RNA 的预测精度较低。深度学习方法的 RNA 结构预测精度低于传统的预测方法。在 2024 年的 CASP 结构预测比赛中，将继续解决 RNA 和 DNA 的单体结构以及这些复合物结构的预测问题。

蛋白质-有机配体复合物。上一轮 CASP 结构预测比赛中首次引入，深度学习方法的预测精度低于传统方法。

大分子构象集合。CASP 结构预测比赛在 2022 年首次引入大分子构象集合预测。在 CASP16 的预测比赛中将继续解决这类预测问题。

整合建模。深度学习方法与稀疏的实验数据 (如 SAXS 和化学交联) 的结合被广泛用于获取大分子复合物的结构。为了评估这些方法的有效性，CASP 结构预测比赛引入了整合建模的方法评估。

以 CASP16 为例，CASP 参赛时间表为：

- 2024 年 4 月 2 日——CASP16 预测实验开始注册，所有人都可以参与。
- 2024 年 4 月 16 日——服务器连接测试开始 (对服务器预测进行"试运行")。
- 2024 年 5 月 1 日——发布首批 CASP16 建模目标。
- 2024 年 6 月/7 月——12 月 CASP16 会议的早鸟注册。
- 2024 年 7 月 31 日——发布目标的最后日期。
- 2024 年 8 月 31 日——建模季结束。
- 2024 年 9 月初——收集描述 CASP16 中使用的方法的摘要。
- 2024 年 8 月 ~10 月——预测评估。
- 2024 年 11 月——邀请具有最准确模型和最有趣方法的团队在 CASP16 大会上发表演讲。
- 2024 年 11 月——会议议程最终确定。
- 2024 年 12 月——CASP16 会议 (暂定 11 月 30 日 ~12 月 3 日)。

CASP 的成功在于实验学家的慷慨帮助。蛋白质晶体学家、核磁共振波谱学家和冷冻电镜科学家被要求提供在 2024 年 9 月 15 日之前公开的结构的详细信息。包括所有类型的大分子结构，与膜相关的复合物结构，免疫相关复合物结构，病毒宿主复合物结构，蛋白质-有机配体等。独立的评估团队将对结果进行评估。评估标准将基于 CASP 比赛中开发的通用标准，但评估人员可能会添加他们认为合适的新度量标准，分析评估标准变更的影响。

2. RNA 结构预测比赛 RNA-Puzzles(https://www.rnapuzzles.org/)

如图 5.9 所示，RNA-Puzzles 是针对 RNA 结构的结构预测比赛。在发表前几周，RNA 实验结构的序列信息将发送给参与结构预测比赛的研究团队。结果将由结构学家和模型构建者共同评估。RNA-Puzzles 已经发布了 39 个 Puzzles 的 RNA 三级结构预测问题。RNA-Puzzles 旨在评估当前基于序列的 RNA 三级结构预测方法的预测能力与局限性。同时，提出目前 RNA 三级结构预测的理论瓶颈问题和发展方向，推广和建议合适的 RNA 三级结构预测工具。

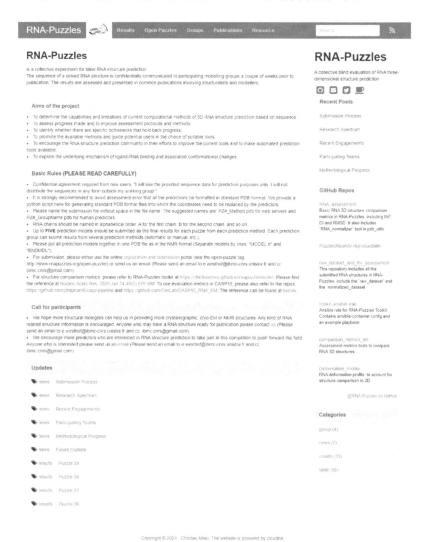

图 5.9　RNA 结构预测比赛 RNA-Puzzles 网址首页

参 考 文 献

[1] Berman H M, Westbrook J, Feng Z, et al. The protein data bank[J]. Nucleic Acids Res, 2000, 28: 235-242.

[2] Chou P Y, Fasman G D. Conformational parameters for amino acids in helical, beta-sheet, and random coil regions calculated from proteins[J]. Biochemistry, 1974, 13: 211-222.

[3] Garnier J, Osguthorpe D J, Robson B. Analysis of the accuracy and implications of simple methods for predicting the secondary structure of globular proteins[J]. J Mol Biol, 1978, 120: 97-120.

[4] Garnier J, Gibrat J F, Robson B. GOR method for predicting protein secondary structure from amino acid sequence[J]. Methods Enzymol, 1996, 266: 540-553.

[5] Lim V I. Structural principles of the globular organization of protein chains. A stereochemical theory of globular protein secondary structure[J]. J Mol Biol, 1974, 88: 857-872.

[6] Rost B, Sander C. Prediction of protein secondary structure at better than 70% accuracy[J]. J Mol Biol, 1993, 232: 584-599.

[7] Przybylski D, Rost B. Alignments grow, secondary structure prediction improves[J]. Proteins, 2002, 46: 197-205.

[8] Jones D T. Protein secondary structure prediction based on position-specific scoring matrices[J]. J Mol Biol, 1999, 292: 195-202.

[9] Buchan D W A, Jones D T. The PSIPRED protein analysis workbench: 20 years on[J]. Nucleic Acids Res, 2019, 47: W402-W407.

[10] Bernhofer M, Dallago C, Karl T, et al. PredictProtein — predicting protein structure and function for 29 years[J]. Nucleic Acids Res, 2021, 49: W535-W540.

[11] Baldi P, Brunak S, Frasconi P, et al. Exploiting the past and the future in protein secondary structure prediction[J]. Bioinformatics, 1999, 15: 937-946.

[12] Pollastri G, Przybylski D, Rost B, et al. Improving the prediction of protein secondary structure in three and eight classes using recurrent neural networks and profiles[J]. Proteins, 2002, 47: 228-235.

[13] Lin K, Simossis V A, Taylor W R, et al. A simple and fast secondary structure prediction method using hidden neural networks[J]. Bioinformatics, 2005, 21: 152-159.

[14] Drozdetskiy A, Cole C, Procter J, et al. JPred4: a protein secondary structure prediction server[J]. Nucleic Acids Res, 2015, 43: W389-W394.

[15] Heffernan R, Yang Y, Paliwal K, et al. Capturing non-local interactions by long short-term memory bidirectional recurrent neural networks for improving prediction of protein secondary structure, backbone angles, contact numbers and solvent accessibility[J]. Bioinformatics, 2017, 33: 2842-2849.

[16] Yan R, Xu D, Yang J, et al. A comparative assessment and analysis of 20 representative sequence alignment methods for protein structure prediction[J]. Sci Rep, 2013, 3: 2619.

[17] Kryshtafovych A, Schwede T, Topf M, et al. Critical assessment of methods of protein structure prediction (CASP)—round $\chi\nu$[J]. Proteins, 2023, 91: 1539-1549.

[18] Huang B, Kong L, Wang C, et al. Protein structure prediction: challenges, advances, and the shift of research paradigms[J]. Genomics Proteomics Bioinformatics, 2023, 21: 913-925.

[19] Boniecki M, Rotkiewicz P, Skolnick J, et al. Protein fragment reconstruction using various modeling techniques[J]. J Comput Aided Mol Des, 2003, 17: 725-738.

[20] Waterhouse A, Bertoni M, Bienert S, et al. SWISS-MODEL: homology modelling of protein structures and complexes[J]. Nucleic Acids Res, 2018, 46: W296-W303.

[21] Zhu J, Wang S, Bu D, et al. Protein threading using residue co-variation and deep learning[J]. Bioinformatics, 2018, 34: i263-i273.

[22] Yang J, Zhang Y. I-TASSER server: new development for protein structure and function predictions[J]. Nucleic Acids Res, 2015, 43: W174-W181.

[23] Simons K T, Kooperberg C, Huang E, et al. Assembly of protein tertiary structures from fragments with similar local sequences using simulated annealing and Bayesian scoring functions[J]. J Mol Biol, 1997, 268: 209-225.

[24] Hamelryck T, Kent J T, Krogh A. Sampling realistic protein conformations using local structural bias[J]. PLoS Comput Biol, 2006, 2: e131.

[25] Baek M, DiMaio F, Anishchenko I, et al. Accurate prediction of protein structures and interactions using a three-track neural network[J]. Science, 2021, 373: 871-876.

[26] Xu D, Zhang Y. *Ab initio* protein structure assembly using continuous structure fragments and optimized knowledge-based force field[J]. Proteins, 2012, 80: 1715-1735.

[27] Yang J, Anishchenko I, Park H, et al. Improved protein structure prediction using predicted interresidue orientations[J]. Proc Natl Acad Sci U S A, 2020, 117: 1496-1503.

[28] Senior A W, Evans R, Jumper J, et al. Improved protein structure prediction using potentials from deep learning[J]. Nature, 2020, 577: 706-710.

[29] Jumper J, Evans R, Pritzel A, et al. Highly accurate protein structure prediction with AlphaFold[J]. Nature, 2021, 596: 583-589.

[30] Singh J, Hanson J, Paliwal K, et al. RNA secondary structure prediction using an ensemble of two-dimensional deep neural networks and transfer learning[J]. Nat Commun, 2019, 10: 5407.

[31] Mathews D H, Sabina J, Zuker M, et al. Expanded sequence dependence of thermodynamic parameters improves prediction of RNA secondary structure[J]. J Mol Biol, 1999, 288: 911-940.

[32] Rivas E, Eddy S R. A dynamic programming algorithm for RNA structure prediction including pseudoknots[J]. J Mol Biol, 1999, 285: 2053-2068.

[33] Zuker M. Mfold web server for nucleic acid folding and hybridization prediction[J]. Nucleic Acids Res, 2003, 31: 3406-3415.

[34] Markham N R, Zuker M. UNAFold: software for nucleic acid folding and hybridization[J]. Methods Mol Biol, 2008, 453: 3-31.

[35] Hofacker I L. Vienna RNA secondary structure server[J]. Nucleic Acids Res, 2003, 31: 3429-3431.

[36] Andronescu M, Condon A, Hoos H H, et al. Efficient parameter estimation for RNA secondary structure prediction[J]. Bioinformatics, 2007, 23: i19-i28.

[37] Huang L, Zhang H, Deng D, et al. LinearFold: linear-time approximate RNA folding by $5'$-to-$3'$ dynamic programming and beam search[J]. Bioinformatics, 2019, 35: i295-i304.

[38] Dowell R D, Eddy S R. Evaluation of several lightweight stochastic context-free grammars for RNA secondary structure prediction[J]. BMC Bioinformatics, 2004, 5: 71.

[39] Sato K, Akiyama M, Sakakibara Y. RNA secondary structure prediction using deep learning with thermodynamic integration[J]. Nat Commun, 2021, 12: 941.

[40] Wayment-Steele H K, Kladwang W, Strom A I, et al. RNA secondary structure packages evaluated and improved by high-throughput experiments[J]. Nat Methods, 2022, 19: 1234-1242.

[41] Fu L, Cao Y, Wu J, et al. UFold: fast and accurate RNA secondary structure prediction with deep learning[J]. Nucleic Acids Res, 2022, 50: e14.

[42] Akiyama M, Sakakibara Y, Sato K. Direct inference of base-pairing probabilities with neural networks improves prediction of RNA secondary structures with pseudoknots[J]. Genes (Basel), 2022, 13.

[43] Wang X, Yu S, Lou E, et al. RNA 3D structure prediction: progress and perspective[J]. Molecules, 2023, 28: 5532.

[44] Ou X, Zhang Y, Xiong Y, et al. Advances in RNA 3D structure prediction[J]. J Chem Inf Model, 2022, 62: 5862-5874.

[45] Tan R K, Petrov A S, Harvey S C. YUP: a molecular simulation program for coarse-grained and multi-scaled models[J]. J Chem Theory Comput, 2006, 2: 529-540.

[46] Jonikas M A, Radmer R J, Laederach A, et al. Coarse-grained modeling of large RNA molecules with knowledge-based potentials and structural filters[J]. RNA, 2009, 15: 189-199.

[47] Krokhotin A, Houlihan K, Dokholyan N V. iFoldRNA v2: folding RNA with constraints[J]. Bioinformatics, 2015, 31: 2891-2893.

[48] Boniecki M J, Lach G, Dawson W K, et al. SimRNA: a coarse-grained method for RNA folding simulations and 3D structure prediction[J]. Nucleic Acids Res, 2016, 44: e63.

[49] Cragnolini T, Laurin Y, Derreumaux P, et al. Coarse-grained HiRE-RNA model for *ab initio* RNA folding beyond simple molecules, including noncanonical and multiple base pairings[J]. J Chem Theory Comput, 2015, 11: 3510-3522.

[50] Das R, Baker D. Automated de novo prediction of native-like RNA tertiary structures[J]. Proc Natl Acad Sci U S A, 2007, 104: 14664-14669.

[51] Das R, Karanicolas J, Baker D. Atomic accuracy in predicting and designing noncanonical RNA structure[J]. Nat Methods, 2010, 7: 291-294.

[52] Watkins A M, Rangan R, Das R. FARFAR2: improved de novo rosetta prediction of complex global RNA folds[J]. Structure, 2020, 28: 963-976.

[53] Popenda M, Szachniuk M, Antczak M, et al. Automated 3D structure composition for large RNAs[J]. Nucleic Acids Res, 2012, 40: e112.

[54] Wang J, Zhao Y, Zhu C, et al. 3dRNAscore: a distance and torsion angle dependent evaluation function of 3D RNA structures[J]. Nucleic Acids Res, 2015, 43: e63.

[55] Wang J, Mao K, Zhao Y, et al. Optimization of RNA 3D structure prediction using evolutionary restraints of nucleotide-nucleotide interactions from direct coupling analysis[J]. Nucleic Acids Res, 2017, 45: 6299-6309.

[56] Zhou L, Wang X, Yu S, et al. FebRNA: an automated fragment-ensemble-based model for building RNA 3D structures[J]. Biophys J, 2022, 121: 3381-3392.

[57] Tan Y L, Wang X, Yu S, et al. cgRNASP: coarse-grained statistical potentials with residue separation for RNA structure evaluation[J]. NAR Genom Bioinform, 2023, 5: lqad016.

[58] Tan Y L, Wang X, Shi Y Z, et al. rsRNASP: a residue-separation-based statistical potential for RNA 3D structure evaluation[J]. Biophys J, 2022, 121: 142-156.

[59] Li J, Zhu W, Wang J, et al. RNA3DCNN: local and global quality assessments of RNA 3D structures using 3D deep convolutional neural networks[J]. PLoS Comput Biol, 2018, 14: e1006514.

[60] Du Z, Su H, Wang W, et al. The trRosetta server for fast and accurate protein structure prediction[J]. Nat Protoc, 2021, 16: 5634-5651.

[61] Wang W, Feng C, Han R, et al. trRosettaRNA: automated prediction of RNA 3D structure with transformer network[J]. Nat Commun, 2023, 14: 7266.

[62] Townshend R J L, Eismann S, Watkins A M, et al. Geometric deep learning of RNA structure[J]. Science, 2021, 373: 1047-1051.

[63] Li Y, Zhang C, Feng C, et al. Integrating end-to-end learning with deep geometrical potentials for *ab initio* RNA structure prediction[J]. Nat Commun, 2023, 14: 5745.

第 6 章 分 子 对 接

分子对接可以预测和模拟两个或多个生物分子几何或能量匹配复合物构象，为生物大分子的相互作用物理机理和药物设计等研究提供了理论指导，为理解细胞功能、疾病的发病机理和治疗提供了新的视角。分子对接可以预测蛋白质–蛋白质、蛋白质–核酸、蛋白质–小分子和核酸–小分子等复合物结构,主要步骤为：①构象采样，搜索生成待评估的复合物构象；②构象评估，构建能量函数排名并筛选近天然态结构。图 6.1 所示为 RNA-蛋白质复合物分子对接研究近三十年来的发展历程。

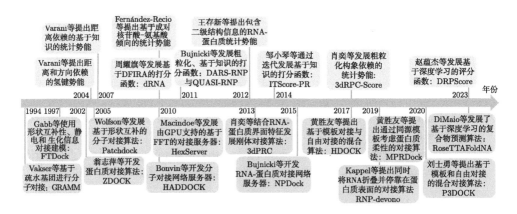

图 6.1 RNA-蛋白质复合物结构预测发展时间轴

蛋白质–蛋白质对接程序改进方法用绿色标记，针对 RNA-蛋白质开发的对接方法用蓝色标记，RNA-蛋白质能量评估函数用黄色标记

6.1 锁钥模型

"锁钥模型"为 Fisher 于 1894 年提出的，利用钥匙和锁的几何结构匹配原理阐述受体–配体的结合物理机理。如图 6.2(a) 所示，刚体对接假设配体和受体结构在分子对接前后均为刚性结构，在对接的过程中两者的空间构象不会发生变化。然而，实际过程中的分子对接，不论是药物靶点与药物分子，还是 RNA 与蛋白质分子，其识别过程远比锁和钥匙复杂得多。首先，在分子对接过程中，配体和受体均是柔性的，即在结合过程中配体和受体都会发生构象变化。其次，分子对

6.1 锁钥模型

接过程中的受体和配体不仅需要满足空间形状的匹配, 还受到复杂的氢键相互作用、静电相互作用、范德瓦耳斯相互作用和疏水相互作用等影响。

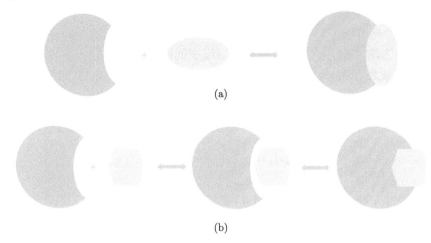

图 6.2 锁钥模型 (a) 与诱导契合理论 (b)

1958 年, D. E. Koshland 提出了 "诱导契合" 理论, 该模型保留了锁–钥模型结构互补的合理内涵, 提出了结合部位柔性结构的概念。受体的活性部位具有一定的柔性, 其构象可能在配体的诱导下发生一定的变化, 从而使得配体实现最大程度的契合。分子对接过程中, 配体和受体都应当被视为柔性结构, "诱导契合" 理论比 "锁钥模型" 更加准确。

配体主要结合到受体的口袋区域, 通常呈开口小肚子大, 能够容纳一定体积的分子结构, 如管道状、凹槽状和浅洼状等形状的口袋结构类型。大而深的疏水性空腔对于配体的结合尤为重要, 系统计算 RNA 与蛋白质的结构口袋并分析其拓扑特征有十分重要的意义[1]。

赵蕴杰等于 2022 年开发了基于 RNA 口袋拓扑信息的 RNA-蛋白质相互作用资源数据库 RPpocket[2]。该方法通过核苷酸-氨基酸相互作用、二级结构相互作用和拓扑结构三个维度系统地分析了 RNA-蛋白质的结构特征。RPpocket 首先对 RNA-蛋白质相互作用界面上的片段序列进行了分析, 发现了 11 个 RNA 与 44 个蛋白质序列片段出现较多。其中, "CG" 和 "KR" 片段在 RNA 与蛋白质中出现的频率最高。在 RNA 中, 核苷酸 "G" 具有双环侧链的化学结构, 更容易与氨基酸发生相互作用, 其在相互作用的界面分布 (31.14%) 明显高于 C(26.41%)、A(21.42%) 和 U(21.03%)。RNA 与蛋白质结合过程中, 首先通过静电相互作用远程识别分子, 然后再利用短程相互作用 (如疏水或氢键等) 来优化和固定 RNA-蛋白质复合物的结构。在二级结构相互作用方面, 茎区是 RNA 二级结构中最常见的相互作用单元, 其次是发卡环、内环、单链、凸起和多分支环结构。而在蛋白质的二级结构中，最常见的相互作用单元是环区，其次是螺旋区和 β 折叠区。这一研究揭示了 RNA-蛋白质相互作用的一系列结构特征，为深入理解这一物理过程提供了有益的信息。

最近，由赵蕴杰等开发的 RPDescriptor 可以定量计算 RNA 口袋的拓扑结构特征 [3]。该方法首先将 RNA 口袋置于三维空间网格，长 $a(\text{Å})$、宽 $b(\text{Å})$、高 $c(\text{Å})$ 的三维空间被划分为 $n\,(n=a\times b\times c)$ 个大小为 1Å 的网格，每个网格 $F(i,j,k)$ 由 1 或 0 表示，RNA 口袋结构由值为 1 的网格构成。然后根据主转动惯量的归一化比值 (NPR) 得到形状描述符 rpd_1 与 rpd_2，定量计算 RNA 口袋空间拓扑形状

$$\text{rpd}_1 = \frac{I_{11}}{I_{33}}, \quad \text{rpd}_2 = \frac{I_{22}}{I_{33}} \tag{6.1}$$

其中，I_{11}、I_{22} 和 I_{33} 分别为 RNA 口袋坐标归一化转动惯量。通过投影 rpd_1 和 rpd_2 到二维平面定量计算 RNA 口袋拓扑形状，按照到几何中心的分布将 RNA 口袋分为球状、圆盘状与杆状，并通过形状相似度分数对 RNA 口袋定量分类：

$$s_1 = \text{rpd}_1 + \text{rpd}_2 - 1 \tag{6.2}$$

$$s_2 = 2 - 2 \times \text{rpd}_2 \tag{6.3}$$

$$s_3 = \text{rpd}_2 - \text{rpd}_1 \tag{6.4}$$

其中，s_1、s_2 和 s_3 分别表示 RNA 口袋的球状、圆盘状与杆状程度。在 RNA-蛋白质复合物的统计中，RNA 结合口袋的平均体积与表面积分别为 1607.03Å^3 与 923.77 Å^2，RNA 非结合口袋的平均体积与表面积分别为 1122.91Å^3 与 678.94Å^2。RNA 结构较为柔性，在结合过程中容易受到蛋白质结构的影响而被拉伸。

6.2 复合物分子标准数据集

近二十年来，生物分子实验数据发展的一个显著特点是数据量的急剧膨胀，迅速形成和产生了拥有海量数据的数据信息，提供了各种需要的实验信息。生物分子数据库包括多种类型，有序列数据、二级结构数据、三级结构数据、代谢物数据、分子结合靶点数据、药物结合口袋数据、小分子药物数据和基因组数据等不同类型的数据库。

而对生物大分子对接而言，我们主要关心蛋白质–蛋白质复合物数据集、RNA-蛋白质复合物数据集和 DNA-蛋白质复合物数据集。配体分子和受体分子存在柔性，对接过程中会发生构象变化。分子对接主要分为三类：刚性对接、半柔性对接以及柔性对接 (图 6.3)。所谓刚性对接是指在对接过程中，配体和受体不发生

6.2 复合物分子标准数据集

构象变化，也就是进行分子对接的两个单体来自同一复合物。半柔性对接是指在对接过程中，配体或受体中的一个是未结合构象或来自另一复合物。柔性对接则是指在对接过程中配体和受体都是未结合构象，或是来自两个不同的复合物。

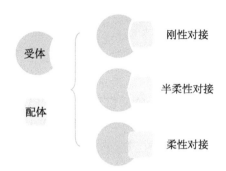

图 6.3 分子对接类型示意图

刚性对接过程中，配体和受体不发生构象变化；半柔性对接过程中，配体或受体中的一个发生构象变化；柔性对接过程中配体和受体都发生构象变化

用于分子对接的基准测试集应当包含以下三个特征：①基准数据集应当包含多样化的靶标，从而可以有效测试分子对接算法的鲁棒性。②包含实验解析结构基准测试，防止引入计算错误。③包含复合物中单体的结合构象与非结合构象，从而有效评估结合形成复合物时的构象变化。

表 6.1 所示为典型的蛋白质–蛋白质复合物测试集，由翁志平等于 2003 年首次开发并持续进行更新，最新的非冗余蛋白质–蛋白质复合物对接测试集于 2021 年更新[4]，下载链接为 zlab.umassmed.edu/benchmark/。该测试集共包含 257 个蛋白质–蛋白质复合物，按照复合物界面构象变化程度的 I_{rmsd} 和 f_{nat} 分为三类：其中 162 个蛋白质–蛋白质复合物为"简单靶标"，60 个蛋白质–蛋白质复合物为"中等靶标"，35 个蛋白质–蛋白质复合物为"困难靶标"。这种困难程度主要与蛋白质–蛋白质界面的构象变化程度有关，其中 I_{rmsd} 是将结合构象和未结合构象进行最优叠合后的相互作用界面区域的均方根偏差 (RMSD)。而 f_{nat} 定义为未结合构象中天然态氨基酸–氨基酸对的比例，即在最优叠合的未结合构象中天然态氨基酸–氨基酸对的数量与结合构象中氨基酸–氨基酸对总数的比值，$f_{\mathrm{non-nat}}$ 定义为未结合构象中非天然态氨基酸–氨基酸对的比例。具体而言，"简单靶标"中的蛋白质–蛋白质复合物的平均 I_{rmsd} 为 0.82Å，平均 f_{nat} 为 75，平均 $f_{\mathrm{non-nat}}$ 为 0.24。"中等靶标"中的蛋白质–蛋白质复合物平均 I_{rmsd} 为 1.63Å，平均 f_{nat} 为 0.58，平均 $f_{\mathrm{non-nat}}$ 为 0.47。"困难靶标"中的蛋白质–蛋白质复合物平均 I_{rmsd} 为 3.67Å，平均 f_{nat} 为 43，平均 $f_{\mathrm{non-nat}}$ 为 0.62。其他蛋白质–蛋白质复合物测试集还包括 Dockground 测试集[5]（下载链接：http://dockground.bioinformatics.ku.edu）等。

表 6.1 复合物分子标准数据集

基准测试集	开发者	开发时间	总数	简单靶标	中等靶标	困难靶标
蛋白质–蛋白质复合物测试集	翁志平等	2003~2021 年	257	162	60	35
RNA-蛋白质复合物测试集 I	邹晓勤等	2013 年	72	49	16	7
RNA-蛋白质复合物测试集 II	Fernández-Recio 等	2012 年	106	64	24	18
RNA-蛋白质复合物测试集 III	Bahadur 等	2012 年、2016 年	126	72	25	19
DNA-蛋白质复合物测试集 I	Bovin 等	2008 年	47	13	22	12
DNA-蛋白质复合物测试集 II	Fernández-Recio 等	2022 年	10	1	8	1

目前有 3 个 RNA-蛋白质复合物测试集评估 RNA-蛋白质复合物对接方法的性能。RNA-蛋白质复合物测试集 I 是由邹晓勤等于 2013 年开发的非冗余的 RNA-蛋白质复合物对接基准[6](下载链接：https://zoulab.dalton.missouri.edu/)。该测试集包含 72 个非冗余的 RNA-蛋白质复合物，其中 52 个 RNA-蛋白质复合物包含蛋白质和 RNA 的结合构象与未结合构象，剩余 20 个 RNA-蛋白质复合物包含 RNA 和蛋白质的结合构象与至少一个单体的非结合构象。这 72 个 RNA-蛋白质复合物根据其 I_{rmsd} 和 f_{nat} 被分为三类，其中 49 个 RNA-蛋白质复合物为"简单靶标"、16 个 RNA-蛋白质复合物为"中等靶标"，7 个 RNA-蛋白质复合物为"困难靶标"。在这里最优叠合是基于每个氨基酸或核苷酸的一个主链原子进行的，即蛋白质的 C_α 原子和 RNA 的 $C4'$ 原子。如果蛋白质中的氨基酸与 RNA 中的核苷酸彼此之间的距离在 5Å 以内，则被定义为氨基酸–核苷酸对。具体而言，"简单靶标"要么 $I_{rmsd} \leqslant 1.5$Å，要么 $f_{nat} \geqslant 0.8$。"中等靶标"则需要满足 1.5Å $< I_{rmsd} \leqslant 4.0$Å，并且 $0.4 < f_{nat} \leqslant 0.8$。"困难靶标"则需要满足 $I_{rmsd} > 4.0$Å，或者 $f_{nat} < 0.4$。

I_{rmsd} 和 f_{nat} 反映了 RNA-蛋白质复合物的未结合构象与结合构象之间的构象变化，尤其是相互作用界面处的构象变化。对于"简单靶标"而言，RNA-蛋白质复合物中的单体在结合时通常不会显著改变其相互作用界面的构象，因此保留了很大比例的天然氨基酸–核苷酸对。但这并不意味着在这个过程中，RNA 和蛋白质总是可以被视为刚性的，RNA 和蛋白质可能发生微小的扭转或弯曲。因此"简单靶标"有利于验证刚性对接算法与半柔性对接算法的性能和效率。"中等靶标"的 RNA-蛋白质结合通常导致单体结构在其相互作用界面处发生显著的构象变化，这些变化涉及 RNA 的全局构象变化和蛋白质的局部或全局构象变化。"困难靶标"的 RNA 和蛋白质结合在一起形成复合物时，会诱导更为显著的构象变化，除了在"中等靶标"中看到的构象变化以外，这些 RNA-蛋白质复合物还会有蛋白质结构域的运动，甚至会发生结合位点被阻断的现象。只有考虑 RNA 和蛋白质的柔性诱导的构象变化，才能在"中等靶标"甚至是"困难靶标"中取得良好的表现。

RNA-蛋白质复合物测试集 II 是由 Fernández-Recio 等于 2012 年开发的非冗

余的 RNA-蛋白质复合物[7]。该测试集包含 71 个 RNA-蛋白质复合物,该测试集中所有复合物中的蛋白质都包含非结合态构象,5 个结构包含未结合 RNA 构象,4 个结构包含伪未结合 RNA 构象 (计算模拟的未结合构象),剩下的 62 个结构包含结合态的 RNA 构象。同时,测试集还包含 35 个 RNA-蛋白质复合物,其中蛋白质或 RNA 中的至少一个是通过同源建模所构建的。该测试集中的 RNA-蛋白质复合物同样根据其 I_{rmsd} 被分为三类:① "简单靶标",$0 \leqslant I_{\text{rmsd}} < 2.5\text{Å}$;② "中等靶标",$2.5\text{Å} \leqslant I_{\text{rmsd}} \leqslant 5.0\text{Å}$;③ "困难靶标",$I_{\text{rmsd}} > 5.0\text{Å}$。因此从 RNA 的柔性程度来看,具有可用的未结合、伪未结合或建模的 RNA 结构的 25 个 RNA-蛋白质复合物结构中,分别有 6 个 "简单靶标"、13 个 "中等靶标" 和 6 个 "困难靶标"。而对于剩下 81 个仅含有结合态 RNA 结构的 RNA-蛋白质复合物结构中,分别有 58 个 "简单靶标"、11 个 "中等靶标" 和 12 个 "困难靶标"。

RNA-蛋白质复合物测试集 II 是由 Bahadur 等于 2012 年开发的非冗余的 RNA-蛋白质复合物测试集[8]。该测试集包含 45 个 RNA-蛋白质复合物,其中 9 个 RNA-蛋白质复合物包含 RNA 和蛋白质的未结合构象,剩余的 36 个 RNA-蛋白质包含蛋白质的未结合构象,RNA 依然以结合构象呈现。该测试集中的 RNA-蛋白质复合物同样根据其 I_{rmsd} 被分为三类:① 34 个 RNA-蛋白质复合物为刚性对接靶标,$0 \leqslant I_{\text{rmsd}} < 1.5\text{Å}$;② 8 个 RNA-蛋白质复合物为半柔性对接靶标,$1.5\text{Å} \leqslant I_{\text{rmsd}} < 3.0\text{Å}$;③ 3 个 RNA-蛋白质复合物为柔性对接靶标,$I_{\text{rmsd}} \geqslant 3.0\text{Å}$。

Bahadur 等于 2016 年开发了 RNA-蛋白质复合物测试集 III 的拓展版本[9]。该非冗余 RNA-蛋白质复合物对接基准包含 126 个 RNA-蛋白质复合物,与之前提出的 RNA-蛋白质复合物测试集 III 相比结构数目扩大了 3 倍。其中 21 个 RNA-蛋白质复合物包含未结合的 RNA 和蛋白质构象;95 个 RNA-蛋白质复合物包含蛋白质的未结合构象,RNA 依然以结合构象呈现;10 个 RNA-蛋白质复合物包含 RNA 的未结合构象,蛋白质以结合构象呈现。同样的,根据 RNA-蛋白质复合物在相互作用界面的构象变化程度,该测试集被分为三类:① 72 个 RNA-蛋白质复合物为刚性对接靶标,$0 \leqslant I_{\text{rmsd}} < 1.5\text{Å}$;② 25 个 RNA-蛋白质复合物为半柔性对接靶标,$1.5\text{Å} \leqslant I_{\text{rmsd}} < 3.0\text{Å}$;③ 19 个 RNA-蛋白质复合物为柔性对接靶标,$I_{\text{rmsd}} \geqslant 3.0\text{Å}$。

评估 DNA-蛋白质复合物分子对接方法有效性与鲁棒性的测试集主要有两个。DNA-蛋白质复合物测试集 I 是由 Bovin 等于 2008 年开发的非冗余的 DNA-蛋白质复合物对接测试集[10] (下载链接:https://www.bonvinlab.org/)。该测试集包含 47 个 DNA-蛋白质复合物,每个复合物都包含 DNA 和蛋白质的结合态和非结合态,该测试集中每个 DNA 呈 B-from,未结合构象是通过 DNA 结构预测方法 3DNA 构建的,而未结合的蛋白质构象包括 X 射线晶体衍射结构,也包含核磁共振 (NMR) 结构。这 47 个 DNA-蛋白质复合物结构根据其结合态和未结

合态之间的 I_{rmsd} 分为三类，其中 13 个 DNA-蛋白质复合物为 "简单靶标"，22 个 DNA-蛋白质复合物为 "中等靶标"，12 个 DNA-蛋白质复合物为 "困难靶标"。具体而言，$0 \leqslant I_{\text{rmsd}} \leqslant 2.0\text{Å}$ 的被称为 "简单靶标"，$2.0\text{Å} < I_{\text{rmsd}} \leqslant 5.0\text{Å}$ 的被称为 "中等靶标"，$I_{\text{rmsd}} > 5.0\text{Å}$ 的被称为 "困难靶标"。同 RNA-蛋白质复合物一样，随着 DNA-蛋白质复合物 I_{rmsd} 的增大，DNA 和蛋白质在结合形成复合物的过程中将会诱导更为复杂的构象变化。

DNA-蛋白质复合物测试集 II 则是由 Fernández-Recio 等开发的另一个非冗余 DNA-蛋白质复合物对接基准 (下载链接：https://model3dbio.csic.es/pydockdna)[11]。该测试集包含 10 个 DNA-蛋白质复合物，每个复合物中的 DNA 和蛋白质都包含其结合和未结合的构象。同时，该测试集中的 DNA-蛋白质复合物与 DNA-蛋白质复合物测试集 I 中的 DNA-蛋白质复合物不同。

6.3 复合物结构采样

分子对接算法主要分为两个关键步骤：①结构采样，即通过旋转和平移搜索，使配体在受体结构表面生成待评估的复合物结构；②结构评估，通过构建能量函数对采样结构进行排名，并筛选出接近天然态结构的候选复合物。下文将以 RNA-蛋白质复合物为例详细介绍结构采样与结构评估方法。

RNA-蛋白质复合物对接方法的精度相较于蛋白质–蛋白质复合物结构预测方法较低。首先，大多数 RNA-蛋白质对接方法最初设计时主要面向蛋白质–蛋白质复合物对接，未充分考虑 RNA 的独特结构特征。其次，由于 RNA 结构具有较大的柔性，对接过程中可能引起一定的构象变化。RNA-蛋白质复合物对接采样方法通常可分为刚性对接和柔性对接两类。在 RNA-蛋白质复合物形成的过程中，RNA 和蛋白质均可能发生骨架或侧链上的构象变化。刚性对接方法不考虑 RNA 或蛋白质的构象变化，将这两个分子视为刚性球体进行对接。相反，柔性对接方法可以考虑在对接过程中发生的微小构象变化，从而生成更加接近天然态的复合物结构。

3dRPC 和 NPDock 是专为 RNA-蛋白质复合物设计的刚性对接算法。在 3dRPC 中，该算法主要关注 RNA-蛋白质相互作用界面的几何匹配、静电互补性以及核苷酸碱基与带电氨基酸芳香环的相互作用特征[12-14]。它利用生成的三维正交网格模型进行旋转平移，并通过快速傅里叶变换 (FFT) 来加速空间构象搜索，从而快速生成大量的预测结构。NPDock 首先将单体结构视为刚体，利用几何匹配模型进行旋转平移，生成大量的复合物结构[15]。随后，该算法使用专为 RNA-蛋白质复合物设计的能量函数 DARS-RNP 与 QUASI-RNP 进行结构评估[16]。此方法进一步对得分最高的诱饵结构进行聚类，并选择三个最大聚类的代表结构作为候选结构。最终，通过蒙特卡罗模拟退火进行优化 RNA-蛋白质相互作用，以获得最终的预测结构。尽管刚性对接能够在短时间内生成大量的候选结构，但它并未考虑 RNA-蛋白质复合物的柔性诱导构象变化，因此较难获得准确的近天然态结构。

HDOCK、RNP-denove、P3DOCK 和 MPRDOCK 都是柔性对接算法。HDOCK 能够同时接受结构和序列信息[17,18]。通过使用 HHSuite 对 PDB 序列数据库进行序列相似性搜索，HDOCK 能够考虑同源序列的相似结构，通过单体结构建模来捕捉蛋白质的柔性特性，最终进行分子对接，生成候选复合物结构。P3DOCK 是一种组合对接方法，结合了模板对接算法 PRIME 和刚性对接算法 3dRPC[19]。它首先利用 PRIME 和 3dRPC 分别生成诱饵结构，然后整合这些诱饵结构并进行聚类，最终得到预测结构。MPRDOCK[20] 采用一种集合策略，通过多种蛋白质构象的集合来考虑蛋白质的柔性。在对接过程中，MPRDOCK 将 RNA 与集合中的每个蛋白质结构进行对接，然后通过聚类分析得到候选复合物结构。RNP-denove 在分子对接的同时进行 RNA 折叠，考虑了蛋白质对 RNA 折叠构象的影响[21]。其折叠过程由 Rosetta 实现，通过改进后的 FARNA 算法计算 RNA-蛋白质相互作用的合理性[22]。在表 6.2 中，我们提供了多种 RNA-蛋白质复合物对接工具的简要介绍。读者可以根据兴趣自行深入了解。

表 6.2 RNA-蛋白质复合物对接方法

对接程序	对接方式	柔性考虑方式	可用性	
			网络服务器	独立程序
GRAMM[24]	刚性	N/A	√	√
FTDock[25]	刚性	N/A	×	√
Patchdock[26]	刚性	N/A	√	√
HexServer[27]	刚性	N/A	√	√
3dRPC[12-14]	刚性	N/A	√	√
ZDOCK[28]	刚性	N/A	√	√
NPdock[15]	刚性	N/A	√	×
HADDOCK[29,30]	柔性	RNA/蛋白质结构建模采样	√	√
HDOCK[17,18]	柔性	蛋白质结构建模采样	√	√
RNP-denove[21]	柔性	RNA 动力学结构采样	×	√
MPRDock[20]	柔性	蛋白质结构建模采样	√	×
P3DOCK[19]	柔性	RNA/蛋白质结构建模采样	√	×

RNA-蛋白质复合物结构采样计算中的一个关键问题是单体在结合前后经历构象变化，而 RNA 单体的结构变化尤为显著。在分子对接过程中，充分考虑 RNA 结构的柔性仍然是一个尚未解决的难题。这一难题主要是因为 RNA 分子结构更为柔性，可能经历较大的构象变化。为处理这种柔性，已提出一些方法，包括采用柔性对接算法，例如基于分子动力学模拟的方法，以及使用深度学习的策略，例如

RoseTTAFoldNA[23]。全面考虑 RNA 的结构柔性对于准确预测 RNA-蛋白质复合物的结构至关重要。未来的研究可能会集中在开发更加精确和高效的方法，以全面考虑 RNA 分子在复合物形成中的构象变化。

6.4 复合物结构评估

RNA-蛋白质复合物结构评估方法聚焦于对采样产生的所有结构进行打分排名，从中筛选出排名靠前的结构作为近天然态结构。大部分打分函数并不基于完整的物理模型，而是采用近似处理，因此往往不严格遵循多体扩展理论、守恒定律、对称不变性等，甚至有些基于知识的打分函数的表达式完全不含物理意义。事实上，作为应用于分子对接场景下的工具，大部分打分函数通过近似的手段追求精度与效率的平衡。

6.4.1　RNA-蛋白质复合物结构评估方法

RNA 复合物结构评估包括残基水平的粗粒化和原子水平的全原子评估模型，主要分为基于力场和基于知识的打分函数。如式 (6.5) 所示，基于力场的打分函数通常计算几个与物理相关的能量项的加权和，如分子间静电项 ΔE_{ele}、范德瓦耳斯力项 ΔE_{vdw}、氢键项 $\Delta E_{\text{H-bond}}$ 和去溶剂项 ΔG_{desol} 等。

$$G_{\text{bind}} = \Delta E_{\text{ele}} + \Delta E_{\text{vdw}} + \Delta E_{\text{H-bond}} + \Delta G_{\text{desol}} \tag{6.5}$$

这种打分函数可以很好地利用力场进行开发，但由于构成能量函数的每个能量项都存在一定偏差，实际计算结果可能与真实情况存在较大差异。因此，通常需要对经验参数进行拟合，才能得到最终的能量表达式。

基于知识的打分函数通过反玻尔兹曼关系将距离依赖的成对接触概率分布转化为统计势能函数，这也是目前广泛使用的方法之一。这类打分函数主要分为倾向和参考态两类。倾向是在 RNA-蛋白质相互作用的情况下，度量某些化学结构在相互作用界面上发生的趋势。成对核苷酸-氨基酸在距离上的独立分布可以通过参考状态的有效定义进行修正，例如平均参考态、准化学近似参考态与有限理想气体参考态等。基于知识的评分方法都依赖于反玻尔兹曼分布构建统计势能函数：

$$E = \sum_{ij} E_{ij} = -RT \sum_{ij} \ln(P_{ij}) \tag{6.6}$$

其中，E 表示总能量；E_{ij} 表示成对接触 i-j(下文将用 i-j 表示核苷酸-氨基酸对，p-q 表示原子对) 的能量；R 为普适气体常量；T 为温度；P_{ij} 表示成对接触 i-j 的概率分布。

6.4 复合物结构评估

Fernandez-Recio 等开发了基于核苷酸–氨基酸成对距离依赖的粗粒化统计势能[31]

$$P_{ij}^{I} = \frac{N_{ij}^{I} / \sum_{ij} N_{ij}^{I}}{\left(N_{i}^{S} / \sum_{i} N_{i}^{S}\right) \times \left(N_{j}^{S} / \sum_{j} N_{j}^{S}\right)} \tag{6.7}$$

其中，N_{ij}^{I} 为相互作用界面处核苷酸 i 与氨基酸 j 的统计对数量；$\sum_{ij} N_{ij}^{I}$ 为相互作用界面处核苷酸与氨基酸的统计对总数；N_{i}^{S} 与 N_{j}^{S} 分别表示表面上核苷酸 i 与氨基酸 j 的数量；$\sum_{i} N_{i}^{S}$ 与 $\sum_{j} N_{j}^{S}$ 分别表示表面上核苷酸与氨基酸的总数，通过反玻尔兹曼分布得到核苷酸 i 与氨基酸 j 对的统计势能：

$$E = -RT\ln(P_{ij}^{I}) \tag{6.8}$$

相互作用界面处所有氨基酸与核苷酸对的统计势能的总和作为给定 RNA-蛋白质复合物的能量分数：

$$E = \sum_{ij} E_{ij} = -RT \sum_{ij} \ln(P_{ij}^{I}) \tag{6.9}$$

Tuszynska 和 Bujnicki 等开发了基于粗粒化模型的统计势能评估函数 DARS-RNP(以诱饵结构为参考态) 和 QUASI-RNP(以准化学近似为参考态)[16]。DARS-RNP 和 QUASI-RNP 采用联合原子模型来表示氨基酸，并根据氨基酸大小，由两个分别位于磷酸基团和核糖中的联合原子来表示核苷酸主链，而嘧啶和嘌呤则分别用一个原子和两个原子表示。DARS-RNP 和 QUASI-RNP 的统计势能函数也是基于反玻尔兹曼统计生成的，这两个评估函数的总能量 E 由基于距离的能量项 (E_d)、基于角度的能量项 (E_a)、基于位点的能量项 (E_s) 和碰撞惩罚项 (E_p) 构成：

$$E = E_\text{d} + E_\text{a} + E_\text{s} + E_\text{p} \tag{6.10}$$

其中，E_d、E_a、E_s 和 E_p 被赋予相同的权重，相互作用能量由下式计算生成：

$$E_{pq}(r) = -RT\ln\frac{N_\text{obs}(p,q,r)}{N_\text{exp}(p,q,r)} \tag{6.11}$$

其中，$E_{pq}(r)$ 表示 E_d、E_a、E_s 和 E_p 中的任一能量；$N_\text{obs}(p,q,r)$ 表示训练集中统计观察到的距离角度比为 r 时联合原子 p,q 的统计对数量。而 $N_\text{exp}(p,q,r)$

是在参考状态下距离角度比为 r 时的预期统计对数量。基于准化学近似参考态的 QUASI-RNP 由残基的摩尔分数所计算：

$$N_{\exp}(p,q,r) = X_p \times X_q \times N_{\text{obs}}(r) \tag{6.12}$$

其中，X_p 和 X_q 分别为联合原子 p 和 q 的摩尔分数；而 $N_{\text{obs}}(r)$ 表示在距离角度比为 r 时所有统计对的数量。基于诱饵结构为参考态的 DARS-RNP 中的 $N_{\exp}(p,q,r)$ 是一组诱饵结构中联合原子 p 和 q 之间的归一化统计对数量，因此可以看作随机模型。

肖奕等开发的 3dRPC-Score 认为仅使用距离和角度来评估核苷酸–氨基酸对之间的能量是不够准确的，还需要考虑核苷酸–氨基酸对之间的相对距离和方向[13]。3dRPC-Score 以核苷酸–氨基酸对之间的构象作为统计变量，通过核苷酸–氨基酸对之间的相对均方根偏差 (RMSD) 进行分类。该方法认为同一类中的核苷酸–氨基酸对具有相同的能量，统计势能 $E_{ij}(C)$ 构建为

$$E_{ij}(C) = -\ln \frac{P_{ij}(C)}{P_i P_j \times P_v} \tag{6.13}$$

其中，$P_{ij}(C)$ 指 C 类中核苷酸 i 与氨基酸 j 对的统计概率；$P_i(P_j)$ 指相互作用界面中核苷酸 i(氨基酸 j) 的概率；P_v 是理想状态下 C 类核苷酸–氨基酸对在整个构象空间中出现的概率。其中界面是否含有核苷酸 (氨基酸) 是通过溶液可及表面积确定的。若 RNA(蛋白质) 单体与复合物中的核苷酸 (氨基酸) 的溶液可及表面积不同，则认为该核苷酸 (氨基酸) 位于相互作用界面上。在理想状态下，每一类核苷酸–氨基酸对在构象空间中出现的概率都是相同的，因此，

$$E_{ij}(\mathrm{C}) = -\ln \frac{P_{ij}(\mathrm{C})}{P_i P_j} + \text{constant} \tag{6.14}$$

其中，constant $= \ln P_v$。而王存新等提出的统计势能纳入了 RNA 与蛋白质二级结构偏好信息，考虑相互作用界面处不同二级结构中核苷酸与氨基酸对的差异[32]。该方法在残基水平上使用基于粗粒化模型的能量函数考虑核苷酸–氨基酸的成对相互作用，对构象变化不敏感。因此，与大多数粗粒化模型一样，较难考虑由 RNA 柔性所诱导的微小构象变化。

基于全原子的能量函数在近天然态 RNA-蛋白质复合物结构评估中优于粗粒化模型。Varani 等于 2004 年开发了基于 RNA-蛋白质氢键相互作用的统计势能[33]。然而氢键只代表 RNA-蛋白质相互作用界面中复杂且多样的相互作用中的一种，因此 Varani 等于 2007 年开发了全原子层次的距离依赖的统计势能[34]。周耀旗

6.4 复合物结构评估

等利用有限理想气体参考态 (DFIRE) 构建了距离依赖的能量函数 DRNA[35]，其 RNA-蛋白质相互作用能量函数 $E_{pq}(r)$ 为

$$E_{pq}(r) = \begin{cases} -\eta \ln \dfrac{N_{\text{obs}}(p,q,r)}{\left(\dfrac{f_p^{\text{v}}(r) f_q^{\text{v}}(r)}{f_p^{\text{v}}(r_{\text{cut}}) f_q^{\text{v}}(r_{\text{cut}})}\right)^\beta \dfrac{r^\alpha \Delta r}{r_{\text{cut}}^\alpha \Delta r_{\text{cut}}} N_{\text{obs}}^{\text{lc}}(p,q,r_{\text{cut}})}, & r < r_{\text{cut}} \\ 0, & r \geqslant r_{\text{cut}} \end{cases} \tag{6.15}$$

其中，体积分数因子

$$f_p^{\text{v}}(r) = \sum_q N_{\text{obs}}^{\text{Protein-RNA}}(p,q,r) / \sum_q N_{\text{obs}}^{\text{All}}(p,q,r) \tag{6.16}$$

而 $N_{\text{obs}}(p,q,r)$ 为在给定结构数据库中观察到距离 r 处 p-q 原子对数量，p-q 原子对距离 r 按 $\Delta r_{\text{cut}} = 0.5$Å 截断，$r_{\text{cut}} = 15$Å 为相互作用最大截断距离。而 α 是由 r^α 与有限蛋白质球体中理想气体点的实际距离拟合确定的，体积校正采用 $\beta = 0.5$ 的精确值。

邹晓勤等于 2014 年开发了基于迭代模型的统计势能 ITScore-PR[36]，通过比较训练集中诱饵原子对与天然态结构原子对之间的差异来计算统计势能：

$$E_{pq}^{(n+1)}(r) = E_{pq}^{(n)}(r) + \Delta E_{pq}^{(n)}(r) \tag{6.17}$$

$$\Delta E_{pq}^{(n)}(r) = \frac{1}{2} k_{\text{B}} T [g_{pq}^{(n)}(r) - g_{pq}^{\text{obs}}(r)] \tag{6.18}$$

其中，n 为迭代次数；$g_{pq}^{(n)}(r)$ 和 $g_{pq}^{\text{obs}}(r)$ 分别表示基于 $E_{pq}^{(n)}(r)$ 和天然态结构所计算的径向分布函数。迭代过程通过公式 (6.17) 和 (6.18) 反复进行，直到训练集中的所有天然态结构都可以和诱饵结构区分开来。在表 6.3 中，我们提供了多种 RNA-蛋白质复合物结构评估方法的简要介绍，读者可以根据兴趣自行深入了解。

表 6.3 RNA-蛋白质复合物结构评估函数

能量函数	方法	类型	特点	独立于对接程序使用
Varani 等的氢键统计势能	基于力场	全原子	氢键统计势能	×
Varani 等的基于知识的统计势能	基于知识	全原子	原子对距离依赖	×
Fernandez-Recio 等的统计势能	基于知识	粗粒化	核苷酸–氨基酸成对倾向	×
DRNA	基于知识	全原子	体积分数校正 DFIRE 参考态	×
DARS-RNP	基于知识	粗粒化	诱饵参考态	√
QUASI-RNP	基于知识	粗粒化	准化学近似参考态	√
王存新等的统计势能	基于知识	粗粒化	二级结构与核苷酸–氨基酸成对倾向	×
ITScore-PR	基于知识	全原子	原子对距离依赖	√
3dRPC-Score	基于知识	粗粒化	核苷酸–氨基酸成对倾向	√

基于能量函数的 RNA-蛋白质复合物结构评估方法在刚性对接测试集中取得了成功，在柔性对接测试集汇总中的表现依然有待提高。不论是基于粗粒化的还是基于全原子的统计势能模型都仅考虑 RNA-蛋白质复合物静态结构的相互作用，并未考虑 RNA 在结合前后的构象变化与复杂的多体相互作用。如何考虑 RNA 分子结合前后的构象变化与 RNA-蛋白质间多体相互作用是目前 RNA-蛋白质结构评估的瓶颈问题。

6.4.2　RNA-蛋白质复合物结构评估实例

我们以 HDOCK 为例，介绍 RNA-蛋白质复合物分子对接的具体操作过程 (图 6.4)。HDOCK 可以同时输入结构与序列信息，通过 HHSuite 对 PDB 序列数据库进行序列相似性搜索，利用同源序列的相似结构进行单体结构建模来考虑蛋白质的柔性，最后进行分子对接得到候选复合物结构。HDOCK 需提供单体结构，然后通过电子邮件通知预测结果。

首先，使用 RCSB PDB 结构数据库 (https://www.rcsb.org/) 下载目标 RNA 与蛋白质的二维坐标文件[37]。在这里，我们以谷氨酰-tRNA 合成酶 (PDBID：1GTR_A 链) 和谷氨酰-tRNA 合成酶突变体 D235N 与谷氨酸 tRNA 结合的复合物中分子的 RNA(PDB:1QRS_B 链) 为例。

随后，进入 HDOCK 官网 (http://hdock.phys.hust.edu.cn/)，将蛋白质分子作为受体，RNA 分子作为配体上传，点击 submit 提交。在构象采样与构象评估过程完成后，将返回包括预测的排名靠前的 10 个 RNA-蛋白质复合物构象，同时还给出了能量评估分数以及预测的置信度。

(a)

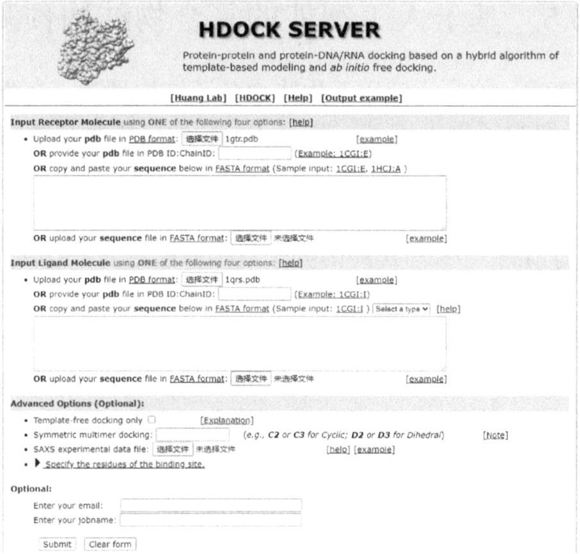

6.4 复合物结构评估

(b)

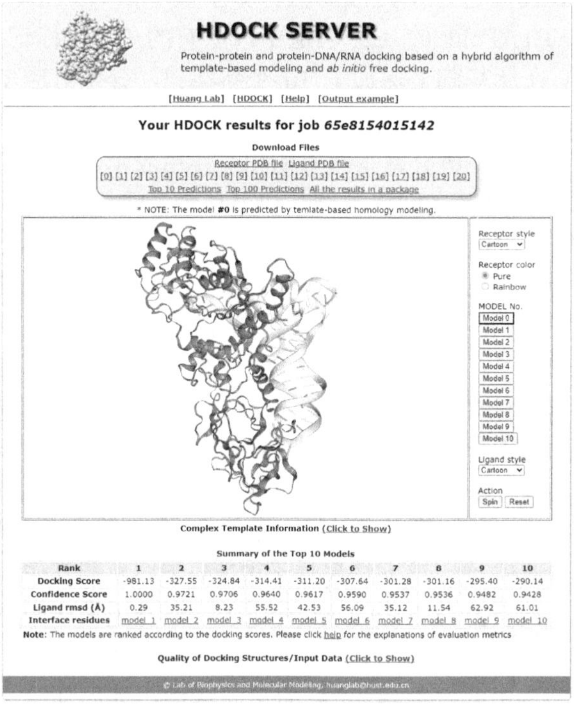

(c)

图 6.4 利用 HDOCK 进行 RNA-蛋白质复合物分子对接举例

(a) 为 HDOCK 预测工具首页；(b) 为谷氨酰-tRNA 合成酶识别抗密码子环的结构基础分子中的蛋白质 (PDB ID:1GTR_A 链)；(c) 为谷氨酰-tRNA 合成酶突变体 D235N 与谷氨酸 tRNA 结合的复合物分子对接结果

6.5 基于人工智能的复合物结构预测

近年来,深度学习被广泛应用于生物大分子结构预测,在蛋白质结构预测和 RNA 结构评估上取得了重大突破,对于 RNA-蛋白质复合物结构预测依然十分困难。

DiMaio 等于 2023 年开发的 RoseTTAFoldNA 采用深度学习策略进行 RNA-蛋白质复合物结构预测[23]。与传统的分子对接算法不同,RoseTTAFoldNA 无需进行构象采样和构象评估,能够直接快速生成带有可信度估计的 RNA-蛋白质复合体的三维结构模型。该方法源自蛋白质结构预测方法 RoseTTAFold[38],利用与 RoseTTAFold 相同的数据,但额外增加了所有在 PDB 中的 RNA、蛋白质-RNA 和蛋白质-DNA 复合物的数据,从而将其应用领域扩展到 RNA-蛋白质复合物结构预测。RoseTTAFoldNA 基于 RoseTTAFold 的三轨架构进行优化,同时优化了生物分子系统的一维序列、二维残基对间距离以及三维笛卡儿坐标的表示,为 RNA-蛋白质复合物结构的精准预测提供了强大的工具。为提高性能,RoseTTAFoldNA 对 RoseTTAFold 模型进行了几项修改,并扩展了所有三个轨道以支持核酸和蛋白质。在 RoseTTAFold 的 1D 轨道中,原有的 22 个标记用于蛋白质设计。RoseTTAFoldNA 在此基础上增加了 10 个新标记,分别对应 DNA 的四种核苷酸、RNA 的四种核苷酸、未知 DNA 和未知 RNA。RoseTTAFold 的 2D 轨道能够构建蛋白质或蛋白质组合中所有氨基酸对的相互作用表示。RoseTTAFoldNA 将 2D 轨道泛化,以模拟核酸碱基之间以及碱基和氨基酸之间的相互作用。RoseTTAFold 的 3D 轨道表示每个氨基酸在由三个骨架原子 (N、CA 和 C) 定义的框架中的位置和方向,并可构建多达四个侧链角。RoseTTAFoldNA 还包括了对每个核苷酸的表示,使用一个坐标框架描述磷酸基团的位置和方向,并利用 10 个扭转角来构建核苷酸中的所有原子。为弥补 PDB 中较少核酸结构的问题,RoseTTAFoldNA 引入了物理信息,如伦纳德–琼斯 (Lennard-Jones) 势和氢键能量,作为最后细化层的输入特征。通过深度学习,RoseTTAFoldNA 能够高效地学习和推断 RNA-蛋白质相互作用的结构特征,为 RNA-蛋白质复合物研究领域带来了新的可能性。

赵蕴杰等于 2023 年开发的 DRPScore 同样采用深度学习策略来进行 RNA-蛋白质复合物结构评估[39]。该方法聚焦于 RNA-蛋白质相互作用界面,利用 RNA 不同核苷酸中的不同质量与电荷的 85 种原子,以及蛋白质中不同氨基酸中的不同质量与电荷的 225 种原子来充分考虑原子水平的 RNA-蛋白质相互作用。以每个氨基酸和核苷酸为中心,创建 32Å 的空间网格,其局部笛卡儿坐标系中心与 X、Y、Z 轴由特定原子指定。

$$x = r_{\text{N/CB}} - r_{\text{C1}'/\text{CA}} \tag{6.19}$$

$$y = \frac{r_{\text{O5}'/\text{O}} + r_{\text{C5}'/\text{CA}}}{2} \tag{6.20}$$

$$z = x \times y \tag{6.21}$$

$$X = \frac{x}{\|x\|} \tag{6.22}$$

$$Z = \frac{z}{\|z\|} \tag{6.23}$$

$$Y = Z \times X \tag{6.24}$$

其中，$r_{\text{N/CB}}$，$r_{\text{C1}'/\text{CA}}$，$r_{\text{O5}'/\text{O}}$ 和 $r_{\text{C5}'/\text{CA}}$ 分别表示从局部坐标系原点指向原子 N、CB、C1′、CA、O5′、O、C5′ 和 CA 的向量。通过 4D 卷积神经网络模型不仅可以有效学习原子质量、原子电荷、相互作用类型 (静电相互作用、氢键等) 和相互作用距离的局部特征，还可以学习 RNA-蛋白质复合物二级结构相互作用 (RNA 为配对、发卡环和内环等；蛋白质为螺旋和 β 折叠单元) 等全局特征。DRPScore 在不同柔性程度的测试集上进行了广泛评估，取得了优越的表现，但是依然存在较大的提升空间。在此基础上，赵蕴杰等开发了 DNA-蛋白质复合物结构预测方法 DDPScore，预测精度也优于传统结构预测评估模型[40]。

我们相信随着实验结构的增加和深度学习模型的发展，基于深度学习的 RNA-蛋白质结构预测方法在未来几年里会得到较大发展。

6.6 小　　结

目前 RNA-蛋白质复合物结构预测是软物质物理和生物物理学领域中最具挑战性和影响力的研究方向之一。随着计算预测精度的不断提高，结构预测方法逐渐成为实验确定 RNA-蛋白质结构的替代手段，成为分子生物学家越来越青睐的工具。尽管在刚性对接上 RNA-蛋白质复合物结构预测取得了一定成功，但柔性对接和复杂复合物的预测仍然面临挑战。① RNA-蛋白质复合物的三级结构数据在结构数据库中仍然非常有限，因此通过深度学习方法进行大数据分析十分困难。② RNA-蛋白质复合物界面特征更加复杂。RNA 主要通过静电相互作用、碱基堆积相互作用、范德瓦耳斯相互作用和氢键等方式与蛋白质结合，RNA-蛋白质界面的原子堆积更为松散。③ RNA 分子具有较大的柔性，在与蛋白质结合的过程中会发生显著的构象变化。RNA-蛋白质在识别过程中的构象变化使得结构评估函数难以准确确定近似天然状态的复合物结构。我们相信随着实验结构与计算模型的不断发展，RNA-蛋白质复合物结构预测方法将在近几年内迎来颠覆性的突破。

6.7 课后练习

习题 1 试述蛋白质和 RNA 等大分子对接的研究意义。

习题 2 RNA-蛋白质复合物结构采样方法和主要步骤是什么？

习题 3 RNA-蛋白质复合物结构评估方法的主要步骤是什么？

习题 4 分子对接是计算机辅助药物研究领域的一项重要技术。RNA-蛋白质复合物的输入信息为：1g59_A.pdb，1g59_B.pdb。复合物实验结构为 1g59_AB.pdb。选择上述任意一个 RNA-蛋白质复合物对接方法进行分子对接模拟，并比较和实验结果的差异。

习题 5 试分别举例说明蛋白质–蛋白质复合物分子对接、RNA-蛋白质复合物分子对接、DNA-蛋白质复合物分子对接的研究进展。

习题 6 试说明 RNA-蛋白质复合物分子对接的发展方向。

延 展 阅 读

蛋白质复合物结构预测比赛 (Critical Assessment of PRediction of Interactions，CAPRI)(http://www.ebi.ac.uk/msd-srv/capri/)。

蛋白质–蛋白质相互作用在细胞的生理过程中的蛋白质组装有重要的作用，它们的失调或破坏往往会导致疾病的发生。因此，表征这些相互作用并理解它们背后的物理机理十分重要。

CAPRI 是受 CASP(蛋白质结构预测比赛) 启发的 "结构预测奥林匹克竞赛"。它成立于 2001 年，旨在推动蛋白质复合物建模的计算方法。在 CAPRI 中，实验学家会提供蛋白质复合物的 3D 结构，为计算生物学家提供测试他们算法的机会。

CAPRI 预测轮次由欧洲分子生物学研究所 (EMBL-EBI) 的 PDBe 团队管理，网址为 http://www.ebi.ac.uk/msd-srv/capri/。目前已经完成了 38 轮 CAPRI 预测轮次，共有 121 个靶标。由于可用作靶标的蛋白质复合物的稀缺性，每次有靶标 (或几个靶标) 可用时，就会启动 CAPRI 预测，并在三到六周后完成。靶标是由结构生物学家在正式发表之前严格保密地向 CAPRI 提供的蛋白质复合物/组装结构。注册的参与者被邀请根据序列信息或未结合结构来预测目标蛋白质组装的 3D 结构。CAPRI 还包括一个复合物结构评估竞赛，在此挑战中，必须从一组诱饵结构中识别出正确的组装模式 (请参阅评分实验)。团队可以作为预测者和评分者参与其中一个或两个挑战。

在预测比赛中，实验学家在目标复合物发表之前提交原子坐标。随后，根据所提供的蛋白质序列，预测团队被要求提供该复合物的 10 个最佳结构模型。在结构评估比赛中，预测团队上传最佳的 100 个结构模型，随后 CAPRI 团队对所有模型进行混洗和合并。结构评估预测团队将获得混洗后集合的访问权限,并提交 10 个最佳的结构评估模型。完成比赛后,所有团队提交的模型将根据 CAPRI 制定的标准与目标结构进行评估和排名。评估时需要隐藏提交模型的参与者身份,由执行评估的独立团队执行。为保持严格保密,只有评估小组才能访问靶标三维结构坐标,直到作者发布靶标结构坐标。

自 CAPRI 成立以来,CAPRI 的重点已经显著扩展,包括以下类型的目标和挑战:①蛋白质和其他大分子的复合物:蛋白质同源寡聚物和异源寡聚物、蛋白质–肽复合物、蛋白质–核酸 (RNA、DNA) 复合物、蛋白质–糖复合物和蛋白质–脂质复合物。②蛋白质–蛋白质结合亲和力预测。③建模界面水分子的位置。

参 考 文 献

[1] Zhuo C, Zeng C W, Yang R, et al. RPflex: a coarse-grained network model for RNA pocket flexibility study[J]. Int J Mol Sci, 2023, 24: 5497.

[2] Yang R, Liu H, Yang L, et al. RPpocket: an RNA-protein intuitive database with RNA pocket topology resources[J]. Int J Mol Sci, 2022, 23.

[3] Zhou T, Wang H, Zeng C, et al. RPocket: an intuitive database of RNA pocket topology information with RNA-ligand data resources[J]. BMC Bioinformatics, 2021, 22: 428.

[4] Vreven T, Moal I H, Vangone A, et al. Updates to the integrated protein-protein interaction benchmarks: docking benchmark version 5 and affinity benchmark version 2[J]. J Mol Biol, 2015, 427: 3031-3041.

[5] Collins K W, Copeland M M, Kotthoff I, et al. Dockground resource for protein recognition studies[J]. Protein Sci, 2022, 31: e4481.

[6] Huang S Y, Zou X. A nonredundant structure dataset for benchmarking protein-RNA computational docking[J]. J Comput Chem, 2013, 34: 311-318.

[7] Perez-Cano L, Jimenez-Garcia B, Fernández-Recio J. A protein-RNA docking benchmark (II): extended set from experimental and homology modeling data[J]. Proteins, 2012, 80: 1872-1882.

[8] Barik A, Nithin C, Manasa P, et al. A protein-RNA docking benchmark (I): nonredundant cases[J]. Proteins, 2012, 80: 1866-1871.

[9] Nithin C, Mukherjee S, Bahadur R P. A non-redundant protein-RNA docking benchmark version 2.0[J]. Proteins, 2017, 85: 256-267.

[10] van Dijk M, Bonvin A M J J. A protein-DNA docking benchmark[J]. Nucleic Acids Res, 2008, 36: e88.

[11] Rodriguez-Lumbreras L A, Jimenez-Garcia B, Gimenez-Santamarina S, et al. pyDockDNA: a new web server for energy-based protein-DNA docking and scoring[J]. Front Mol Biosci, 2022, 9: 988996.

[12] Huang Y, Liu S, Guo D, et al. A novel protocol for three-dimensional structure prediction of RNA-protein complexes[J]. Sci Rep, 2013, 3: 1887.

[13] Li H, Huang Y, Xiao Y. A pair-conformation-dependent scoring function for evaluating 3D RNA-protein complex structures[J]. PLoS One, 2017, 12: e0174662.

[14] Huang Y, Li H, Xiao Y. Using 3dRPC for RNA-protein complex structure prediction[J]. Biophys Rep, 2016, 2: 95-99.

[15] Tuszynska I, Magnus M, Jonak K, et al. NPDock: a web server for protein-nucleic acid docking[J]. Nucleic Acids Res, 2015, 43: W425-430.

[16] Tuszynska I, Bujnicki J M. DARS-RNP and QUASI-RNP: new statistical potentials for protein-RNA docking[J]. BMC Bioinformatics, 2011, 12:348.

[17] Yan Y M, Tao H Y, He J H, et al. The HDOCK server for integrated protein-protein docking[J]. Nature Protocols, 2020, 15: 1829-1852.

[18] Yan Y, Zhang D, Zhou P, et al. HDOCK: a web server for protein-protein and protein-DNA/RNA docking based on a hybrid strategy[J]. Nucleic Acids Res, 2017, 45: W365-W373.

[19] Zheng J, IIong X, Xie J, et al. P3DOCK: a protein-RNA docking webserver based on template-based and template-free docking[J]. Bioinformatics, 2020, 36:96-103.

[20] He J, Tao H, Huang S Y. Protein-ensemble-RNA docking by efficient consideration of protein flexibility through homology models[J]. Bioinformatics, 2019, 35: 4994-5002.

[21] Kappel K, Das R. Sampling native-like structures of RNA-protein complexes through Rosetta folding and docking[J]. Structure, 2019, 27: 140-151 e145.

[22] Cheng C Y, Chou F C, Das R. Modeling complex RNA tertiary folds with Rosetta[J]. Methods Enzymol, 2015, 553: 35-64.

[23] Baek M, McHugh R, Anishchenko I, et al. Accurate prediction of protein-nucleic acid complexes using RoseTTAFoldNA[J]. Nat Methods, 2024, 21: 117-121.

[24] Tovchigrechko A, Vakser I A. GRAMM-X public web server for protein-protein docking[J]. Nucleic Acids Res, 2006, 34: W310-314.

[25] Gabb H A, Jackson R M, Sternberg M J. Modelling protein docking using shape complementarity, electrostatics and biochemical information[J]. J Mol Biol, 1997, 272: 106-120.

[26] Schneidman-Duhovny D, Inbar Y, Nussinov R, et al. PatchDock and SymmDock: servers for rigid and symmetric docking[J]. Nucleic Acids Res, 2005, 33: W363-367.

[27] Macindoe G, Mavridis L, Venkatraman V, et al. HexServer: an FFT-based protein docking server powered by graphics processors[J]. Nucleic Acids Res, 2010, 38: W445-449.

[28] Pierce B G, Wiehe K, Hwang H, et al. ZDOCK server: interactive docking prediction of protein-protein complexes and symmetric multimers[J]. Bioinformatics, 2014, 30: 1771-1773.

[29] de Vries S J, van Dijk M, Bonvin A M. The HADDOCK web server for data-driven biomolecular docking[J]. Nat Protoc, 2010, 5: 883-897.

[30] van Zundert G C P, Rodrigues J, Trellet M, et al. The HADDOCK2.2 web server: user-friendly integrative modeling of biomolecular complexes[J]. J Mol Biol, 2016, 428:720-725.

[31] Pérez-Cano L, Solernou A, Pons C, et al. Structural prediction of protein-RNA interaction by computational docking with propensity-based statistical potentials[J]. Pac Symp Biocomput, 2010: 293-301.

[32] Li C H, Cao L B, Su J G, et al. A new residue-nucleotide propensity potential with structural information considered for discriminating protein-RNA docking decoys[J]. Proteins, 2012, 80: 14-24.

[33] Chen Y, Kortemme T, Robertson T, et al. A new hydrogen-bonding potential for the design of protein-RNA interactions predicts specific contacts and discriminates decoys[J]. Nucleic Acids Res, 2004, 32: 5147-5162.

[34] Zheng S, Robertson T A, Varani G. A knowledge-based potential function predicts the specificity and relative binding energy of RNA-binding proteins[J]. FEBS J, 2007, 274:6378-6391.

[35] Zhao H, Yang Y, Zhou Y. Structure-based prediction of RNA-binding domains and RNA-binding sites and application to structural genomics targets[J]. Nucleic Acids Res, 2011, 39: 3017-3025.

[36] Huang S Y, Zou X. A knowledge-based scoring function for protein-RNA interactions derived from a statistical mechanics-based iterative method[J]. Nucleic Acids Res, 2014, 42: e55.

[37] Berman H M, Westbrook J, Feng Z, et al. The protein data bank[J]. Nucleic Acids Res, 2000, 28: 235-242.

[38] Baek M, DiMaio F, Anishchenko I, et al. Accurate prediction of protein structures and interactions using a three-track neural network[J]. Science, 2021, 373: 871-876.

[39] Zeng C, Jian Y, Vosoughi S, et al. Evaluating native-like structures of RNA-protein complexes through the deep learning method[J]. Nat Commun, 2023, 14: 1060.

[40] Zeng C, Jian Y, Zhuo C, et al. Evaluation of DNA-protein complex structures using the deep learning method[J]. Phys Chem Chem Phys, 2023, 26: 130-143.

第 7 章 复杂网络模型

生命体是由数亿蛋白质、核酸等生物大分子以及小分子组成的,这些软物质生物分子之间的相互作用和信号传递通路构成了复杂的生物分子系统。理解、解释和预测这些系统的机制已成为 21 世纪的一项重要科学挑战。网络科学被认为是解决复杂性问题的重要物理工具。实际上,每个复杂系统背后都隐藏着错综复杂的网络,这些复杂的网络描绘了复杂系统各个组成部分之间错综复杂的相互关系。

基于网络理论的分析方法可以描述生物分子的结构特征,解释它们之间的相互作用以及生物学调控物理机制等问题。随着数学、计算机以及生物技术等的不断发展,软物质生物分子网络数据逐渐丰富,这为复杂网络的发展提供了肥沃的土壤。图 7.1 展示了人类感染 HIV 病毒相关的蛋白质相互作用网络。复杂网络科学在转录调控、转录后调控、蛋白质相互作用、信号传导通路、代谢通路等生物复杂系统中发挥着越来越重要的作用。例如,早期研究的酵母蛋白质–蛋白质相互作用网络,随后再到生物分子内相互作用的预测应用[1-4]。这些研究充分展示了复杂网络模型在解决软物质生物分子系统问题方面的强大威力,为揭示生物分子之间错综复杂的关系提供了有力工具。这不仅推动了软物质生物物理学的发展,也为更深层次的生命科学研究提供了新的视角。本章节将介绍复杂网络的基本概念,讨论软物质生物分子物理研究中的前沿复杂网络模型。

图 7.1　人类感染 HIV 病毒相关的蛋白质相互作用网络 (扫描封底二维码可看大图)[1]
来源:STRING 蛋白质相互作用数据库

7.1 网络的基本概念

网络由最基本的两个参数"节点"和"边"构成的。节点数 N，表示复杂网络中节点的个数，通常也将 N 称为网络大小。为便于区分，网络中的各个节点记为 $i=1,2,\cdots,N$。边数 L 表示节点间相互关系的总数。边通常通过连接的两个节点来对其进行标记。例如，$(1,5)$ 表示连接节点 1 和节点 5 的边。图 7.2 给出了一个节点数为 6，边数为 6 的网络。

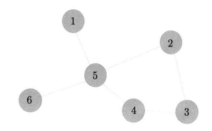

图 7.2　一个节点数为 6，边数为 6 的网络

现实中复杂系统组件之间的连接是存在方向的。例如，互联网中的边是由一个网页指向另一个网页。如果一个网络中所有的边都是有向的，则称这个网络为有向网络或有向图。如果一个网络中所有的边都是无向的，就称这个网络为无向网络或无向图。图 7.3 给出了一个节点数为 6，边数为 6 的有向网络。有向网络边的表示是由边的起始点指向终点的，例如，$(1,5)$ 表示节点 1 指向节点 5 的一条边。因此在有向网络中 $(1,5)$ 和 $(5,1)$ 表示两条不一样的有向边。一个具有 N 个节点的无向网络可拥有的最多的边的数量为

$$L_{\max} = \begin{pmatrix} N \\ 2 \end{pmatrix} = \frac{N(N-1)}{2} \tag{7.1}$$

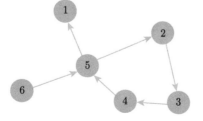

图 7.3　一个节点数为 6，边数为 6 的有向网络

如果一个网络的边的数量为 $L_{\max}$，则称这个网络为全连接网络 (图 7.4)，也就是说全连接网络中的每一个节点都和网络中的其他节点相连。

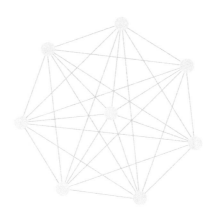

图 7.4　一个节点数 $N=8$，边数 $L=28$ 的全连接网络

在复杂系统中，网络的每条边 (i,j) 是具有差异性的，即每条边都有自己的权重 w_{ij}。例如，在高速公路网络中，权重可以表示两个地点之间的距离。在蛋白质-蛋白质相互作用网络中，权重可以表示两个蛋白质相互作用的亲和力大小。对于边存在权重的网络称为加权网络 (图 7.5)。

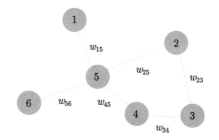

图 7.5　加权网络

表示一个网络的关键是记录网络中的边，最简单的方法就是将网络中的边写成边列表，例如，图 7.2 中的网络可以表示为：$\{(1,5),(2,3),(2,5),(3,4),(4,5),(5,6)\}$。从数学的角度出发，可以通过邻接矩阵来表示一个网络。对于有 N 个节点的有向网络而言，它的邻接矩阵 $\boldsymbol{A}$ 的大小为 $N \times N$，可以表示为

$$\boldsymbol{A} = \begin{bmatrix} A_{11} & A_{12} & \cdots & A_{1N} \\ A_{21} & A_{22} & \cdots & A_{2N} \\ \vdots & \vdots & \ddots & \vdots \\ A_{N1} & A_{N2} & \cdots & A_{NN} \end{bmatrix}$$

7.1 网络的基本概念

矩阵的每个元素 A_{ij} 是按以下方式定义的：如果存在从节点 i 指向节点 j 的边，则令 $A_{ij}=1$，否则就令 $A_{ij}=0$。

对于无向网络而言，每条边都存在两个元素与之对应。例如，边 (1, 5) 可以用 $A_{15}=1$ 和 $A_{51}=1$ 来表示，无向网络的邻接矩阵是对称的。

对于加权网络而言，邻接矩阵的元素表示对应连接所具有的权重，即 $A_{ij}=w_{ij}$。图 7.6 给出了不同类型网络的边列表和邻接矩阵形式。

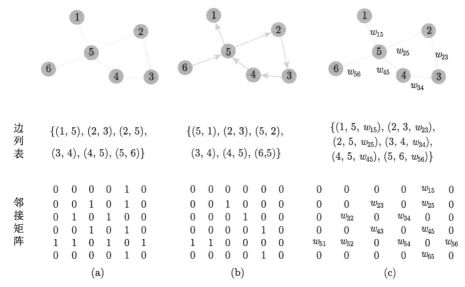

图 7.6 (a) 无向网络的边列表和邻接矩阵表示；(b) 有向网络的边列表和邻接矩阵表示；(c) 加权网络的边列表和邻接矩阵表示

在复杂网络中，节点间的物理距离被路径长度取代了。路径是指沿着网络中的边行走经过的线路。路径的长度表示其包含的边个数。在加权网络中。路径的长度表示其包含的边的权值之和。图 7.7(a) 中，节点 1 和节点 3 之间的路径 a 对应的线路为 1→5→4→2→3，路径长度为 4。

节点 i 和节点 j 之间的最短路径是指长度最短的路径。最短路径的长度通常称为节点 i 和节点 j 之间的距离，记为 d_{ij}。同一对节点之间可能有多条长度相同的最短路径。图 7.7(b) 中，节点 1 和节点 3 之间存在路径 b 和路径 c 这两条最短路径，长度为 3。

网络直径 $d_{\max}$ 是指网络中所有最短路径的最大长度，也就是网络中所有节点对之间的最大距离。图 7.7 所示的网络，其直径为 3。

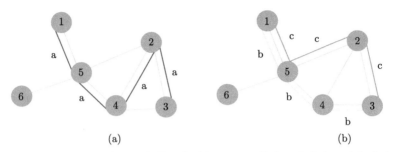

图 7.7 路径 (a) 节点 1 和节点 3 之间的一条路径 a；(b) 节点 1 和节点 3 之间存在两条最短路径 b 和 c

下面我们将利用 Python 对网络进行基本操作。

从边列表生成网络。

```
#导入工具包
import networkx as nx
#边的列表
edges=[(1,5),(2,3),(2,4),(2,5),(3,4),(4,5),(5,6)]
#创建网络
G = nx.Graph()
#添加边到网络中
G.add_edges_from(edges)
print(G)
```

```
Graph with 6 nodes and 7 edges
```

输出网络的节点和边。

```
#输出节点和边
print(''节点:'', G.nodes())
print("边:", G.edges())
```

```
节点: [1, 5, 2, 3, 4, 6]
边: [(1, 5), (5, 2), (5, 4), (5, 6), (2, 3), (2, 4),(3, 4)]
```

输出网络的邻接矩阵。

```
#获取邻接矩阵
adj_matrix = nx.adjacency_matrix(G)
#输出邻接矩阵
print(adj_matrix.toarray())
```

7.1 网络的基本概念

```
[[0 1 0 0 0 0]
 [1 0 1 0 1 1]
 [0 1 0 1 1 0]
 [0 0 1 0 1 0]
 [0 1 1 1 0 0]
 [0 1 0 0 0 0]]
```

输出网络的路径和最短路径。

```
#指定起点和终点
start_node = 1
end_node = 3

#找到所有路径
all_paths = list(nx.all_simple_paths(G, start_node, end_node))
print("从节点", start_node, "到节点", end_node, "的所有路径:")
for path in all_paths:
    print(path)

#找到所有最短路径
all_shortest_paths=list(nx.all_shortest_paths(G,start_node,
    end_node))
print("从节点",start_node,"到节点",end_node,"的所有最短路径:")
for path in all_shortest_paths:
    print(path)
```

从节点 1 到节点 3 的所有路径:
[1, 5, 2, 3]
[1, 5, 2, 4, 3]
[1, 5, 4, 2, 3]
[1, 5, 4, 3]
从节点 1 到节点 3 的所有最短路径:
[1, 5, 2, 3]
[1, 5, 4, 3]

网络的可视化。

```
#导入工具包
import matplotlib.pyplot as plt
#可视化网络
nx.draw(G, with_labels=True, font_weight='bold') plt.show()
```

7.2 网络的基本特征

本节将从局部和全局两个角度出发简要介绍网络的基本特征。

7.2.1 网络局部特征

1. 度

网络中最关键的一个特征就是网络中节点的度,它表示节点所拥有的边数。我们用 k_i 表示网络中节点 i 的度。例如,在图 7.2 中给出的无向网络中,节点的度分别为

$$k_1 = 1, \quad k_2 = 2, \quad k_3 = 3, \quad k_4 = 4, \quad k_5 = 5, \quad k_6 = 6$$

对网络中所有节点的度取平均值,可以得到网络的平均度 $\langle k \rangle$,即

$$\langle k \rangle = \frac{1}{N} \sum_{i=1}^{N} k_i = \frac{2L}{N} \tag{7.2}$$

在有向网络中,节点的度可以进一步分为入度 k_i^{in} 和出度 k_i^{out},其中前者表示指向节点 i 的边数量,而后者表示从节点 i 指向网络中其他节点的边数量。例如,在图 7.3 给出的有向网络中,节点的出度和入度分别为

$$k_1^{\text{in}} = 1, \quad k_1^{\text{out}} = 0, \quad k_2^{\text{in}} = 1, \quad k_2^{\text{out}} = 1, \quad k_3^{\text{in}} = 1, \quad k_3^{\text{out}} = 1$$

$$k_4^{\text{in}} = 1, \quad k_4^{\text{out}} = 1, \quad k_5^{\text{in}} = 2, \quad k_5^{\text{out}} = 2, \quad k_6^{\text{in}} = 0, \quad k_6^{\text{out}} = 1$$

节点的度 k_i 可以表示为入度 k_i^{in} 和出度 k_i^{out} 的和,即

$$k_i = k_i^{\text{in}} + k_i^{\text{out}} \tag{7.3}$$

7.2 网络的基本特征

有向网络的平均度可以表示为

$$\langle k_i^{\text{in}} \rangle = \frac{1}{N} \sum_{i=1}^{N} k_i^{\text{in}} = \langle k_i^{\text{out}} \rangle = \frac{1}{N} \sum_{i=1}^{N} k_i^{\text{out}} = \frac{L}{N} \tag{7.4}$$

2. 邻域连通性

领域连通性表示网络中每个节点的所有邻居的平均度，表示节点连接的第二层节点的度情况，计算公式为

$$NC_i = \frac{\sum k_j}{k_i} \tag{7.5}$$

这里 k_i 表示节点 i 的度，脚标 j 遍历所有节点 i 的连接的节点。

3. 聚集系数

聚集系数表示相连节点之间的连接程度，度为 k_i 的节点 i 的局部聚集系数定义为

$$C_i = \frac{2L_i}{k_i(k_i - 1)} \tag{7.6}$$

其中，L_i 表示节点 i 的 k_i 个邻居节点之间存在的边数量。注意到 C_i 的取值范围在 0 到 1 之间。图 7.8 展示了度为 3 的中心节点的邻居节点在不同连接情况下的聚集系数。整个网络的聚集程度可以通过平均聚集系数 $\langle C \rangle$ 表示，表示对所有节点的聚集系数 C_i, $i = 1, \cdots, N$，即

$$\langle C \rangle = \frac{1}{N} \sum_{i=1}^{N} C_i \tag{7.7}$$

事实上，$\langle C \rangle$ 是随机选择的节点的两个邻居节点相互连接的概率。

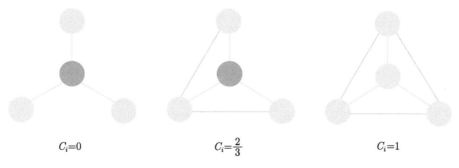

图 7.8 度为 3 的中心节点的邻居节点在不同连接情况下的聚集系数

以下介绍利用 Python 计算网络局部特征。

计算网络的度。

```
#导入工具包
import networkx as nx

#边的列表
edges=[(1,2),(1,3),(2,3),(2,4),(3,4)]

#创建网络
G=nx.Graph()

#添加边到网络中
G.add_edges_from(edges)


#计算节点的度
degrees=dict(G.degree())

#打印结果
for node, degree in degrees.items():
    print(f"节点{node}: 度={degree}")
```

节点 1: 度=2
节点 2: 度=3
节点 3: 度=3
节点 4: 度=2

计算节点的邻域连通性。

```
#计算每个节点的邻域连通性
neighbor_connectivities = dict(nx.average_neighbor_degree(G))

#打印结果
for node,neighbor_connectivity in neighbor_connectivities.items():
    print(f"节点{node}: 邻域连通性={neighbor_connectivity:.2f}")
```

节点 1: 邻域连通性=3.00
节点 2: 邻域连通性=2.33
节点 3: 邻域连通性=2.33
节点 4: 邻域连通性=3.00

计算网络的聚集系数。

```
#计算每个节点的聚集系数
clustering_coefficients=dict(nx.clustering(G))
#打印结果
for node,clustering_coefficient in clustering_coefficients.items():
    print(f"节点{node}: 聚集系数={clustering_coefficient:.2f}")
```

节点 1: 聚集系数=1.00
节点 2: 聚集系数=0.67
节点 3: 聚集系数=0.67
节点 4: 聚集系数=1.00

7.2.2 网络全局特征

1. 接近中心性

接近中心性是节点与所有其他节点之间平均距离的倒数，表示节点与整个网络中其他节点之间的远近程度，可用下面公式进行计算：

$$\text{CL}(i) = \frac{n-1}{\sum_{s \neq v} d(i,s)} \tag{7.8}$$

这里 $d(i,s)$ 表示节点 i 到节点 s 的最短路径长度。

2. 介数中心性

介数中心性分为节点和边两种情况。节点的介数中心性是根据通过节点的网络中的最短路径数目来衡量节点的重要性，可以用下面公式计算：

$$\text{BC}(i) = \sum_{s,t \in V} \frac{\sigma(s,t|i)}{\sigma(s,t)} \tag{7.9}$$

其中，V 表示所有节点的集合；$\sigma(s,t)$ 表示网络中节点 s 到节点 t 的最短路径的数目；$\sigma(s,t|i)$ 表示从节点 s 到节点 t 的最短路径中通过节点 i 的路径数目。如果 $s=t$，则 $\sigma(s,t)=1$；如果 $i \in s,t$，则 $\sigma(s,t|i)=0$。

边的介数中心性是指网络中所有最短路径中经过该边的数量占总的最短路径数量的比例，可以用下面公式计算：

$$\text{BC}(e) = \sum_{s,t \in V} \frac{\sigma(s,t|e)}{\sigma(s,t)} \tag{7.10}$$

其中，V 表示所有节点的集合；$\sigma(s,t)$ 表示网络中节点 s 到节点 t 的最短路径的数目；$\sigma(s,t|e)$ 表示从节点 s 到节点 t 的最短路径中通过边 e 的路径数目。

3. 偏心度

节点的偏心度定义为节点与网络中所有其他节点之间的最大最短路径,节点 i 的偏心度可以通过下面公式定义

$$\mathrm{EC}(i) = \max_{s \neq i} d(i,s) \tag{7.11}$$

4. 小世界现象

小世界现象又被称为六度分隔理论,主要内容是"你和任何一个陌生人之间所间隔的人不会超过六个"。也就是熟知的世界上的两个个体都是由较短的关系链联系在一起的原则。在复杂的网络背景中,小世界现象意味着在网络中,随机选择的两个节点之间的距离很短。

我们可以通过一个简单的计算来解释小世界现象背后的理论。考虑一个平均度为 $\langle k \rangle$ 的网络,在网络中,节点具有下面的平均性质:在距离为 d 处有 $\langle k \rangle^d$ 个节点。

例如,$\langle k \rangle = 1000$ 是一个人拥有的熟人的估计数目,根据上面的估计,在距离为 2 的情况下有 10^6 个节点,在距离为 3 的情况下大约有十亿个节点,即几乎是整个地球人口的数量。我们可以更精确地计算从我们的起始节点到距离为 d 的节点的预期数量

$$N(d) \approx 1 + \langle k \rangle + \langle k \rangle^2 + \cdots + \langle k \rangle^d = \frac{\langle k \rangle^{d+1} - 1}{\langle k \rangle - 1} \tag{7.12}$$

$N(d)$ 不能超过网络中的总节点数 N,因此,距离不能取任意值。我们可以通过设置值来确定最大距离 $d_{\max}$ 或网络的直径:

$$N(d_{\max}) \approx N \tag{7.13}$$

假设 $\langle k \rangle \gg 1$,我们可以忽略式 (7.12) 中分子和分母中的 -1 项,得到

$$\langle k \rangle^{d_{\max}} \approx N \tag{7.14}$$

因此网络的直径为

$$d_{\max} \approx \frac{\ln N}{\ln \langle k \rangle} \tag{7.15}$$

如推导得到的 (7.15),它计算了网络直径 $d_{\max}$ 随网络规模 N 的变化。然而,对于大多数网络而言,(7.15) 更好地近似了两个随机选择的节点之间的平均距离

⟨d⟩，而不是 d_{max}。这是因为 d_{max} 通常由极少数的极端路径主导，而 ⟨d⟩ 则是对所有节点对进行平均，这一过程抑制了波动。因此，通常小世界属性的定义为

$$\langle d \rangle \approx \frac{\ln N}{\ln \langle k \rangle} \tag{7.16}$$

回到最开始提到的六度分隔理论，在地球上，$N \approx 7 \times 10^9, \langle k \rangle = 10^3$，根据公式 (7.16) 得到

$$\langle d \rangle \approx \frac{\ln(7 \times 10^9)}{\ln 10^3} \approx 3.28 \tag{7.17}$$

因此，地球上的所有个体应通过三到四个人就能互相联系。估计值 (7.17) 在理想模型中比经常引用的六度更接近实际值。

5. 网络的幂律分布与无标度性质

度分布 p_k 表示在网络中随机选择的具有度数 k 的节点的概率。对于一个具有 N 个节点的网络，度分布是这样定义的

$$p_k = \frac{N_k}{N} \tag{7.18}$$

这里 N_k 是度为 k 的节点数目，这样定义的度分布满足概率的归一化条件，即

$$\sum_{k=1}^{\infty} p_k = 1 \tag{7.19}$$

精确地描述度分布 p_k 可以决定许多网络现象，从网络的稳健性到病毒传播等方面。图 7.9 展示了图 7.2 所示网络的度分布。

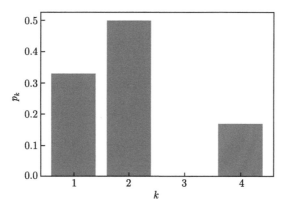

图 7.9　图 7.2 所示网络的度分布

在无标度网络被发现之后,度分布在网络理论中发挥了核心作用[5]。图 7.10 展示了一个真实网络 (大肠杆菌蛋白质相互作用网络,来自 STRING 数据库[1]) 的度分布,在对数-对数图 (图 7.10(c)) 上,度分布的数据点形成了一条近似的直线,表明蛋白质相互作用网络的度分布可以近似为

$$p_k \sim k^{-\gamma} \tag{7.20}$$

方程 (7.20) 称为幂律分布,指数 γ 是其度指数。而无标度网络即是度分布遵循幂律的网络。如图 7.10 所示,对于大肠杆菌蛋白质相互作用网络,其分布服从幂律分布,这促使我们将大肠杆菌蛋白质相互作用网络称为无标度网络。无标度性质同样适用于入度和出度。

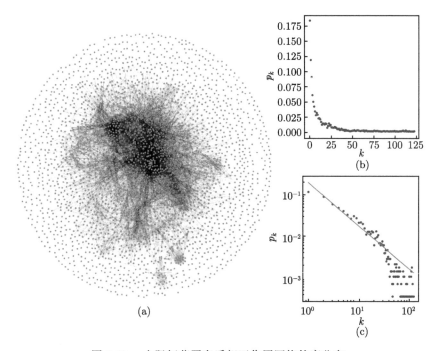

图 7.10　大肠杆菌蛋白质相互作用网络的度分布
(a) 大肠杆菌蛋白质相互作用网络的可视化,每个节点对应于一个蛋白,边对应于实验检测到的相互作用;(b) 蛋白质相互作用网络的度分布;(c) 将度分布显示在对数-对数坐标上

以下介绍利用 Python 计算网络全局特征。

计算网络的接近中心度。

```
#导入工具包
import networkx as nx
```

7.2 网络的基本特征

```
#边的列表
edges=[(1,2),(1,3),(2,3),(2,4),(3,4)]

#创建网络
G=nx.Graph()

#添加边到网络中
G.add_edges_from(edges)

#计算接近中心度
closeness_centrality=nx.closeness_centrality(G)

#打印结果
for node, closeness in closeness_centrality.items():
    print(f"节点{node}:接近中心度={closeness:.2f}")
```

节点 1: 接近中心度 = 0.75
节点 2: 接近中心度 = 1.00
节点 3: 接近中心度 = 1.00
节点 4: 接近中心度 = 0.75

计算网络的介数中心性。

```
#计算介数中心性
nodes_betweenness_centrality=nx.betweenness_centrality(G)
#打印结果
for node, betweenness in nodes_betweenness_centrality.items():
    print(f"节点{node}:介数中心性={betweenness:.2f}")


edges_betweenness_centrality=nx.edge_betweenness_centrality(G)
#打印结果
for edge, betweenness in edges_betweenness_centrality.items():
    print(f"边{edge}:介数中心性={betweenness:.2f}")
```

节点 1: 介数中心性 = 0.00
节点 2: 介数中心性 = 0.17
节点 3: 介数中心性 = 0.17
节点 4: 介数中心性 = 0.00
节点 (1, 2): 介数中心性 = 0.25
节点 (1, 3): 介数中心性 = 0.25

节点 (2, 3): 介数中心性 = 0.17
节点 (2, 4): 介数中心性 = 0.25
节点 (3, 4): 介数中心性 = 0.25

计算网络的偏心度。

```
#计算偏心度
eccentricities = nx.eccentricity(G)


#打印结果
for node, eccentricity in eccentricities.items():
    print(f"节点 {node}: 偏心度 ={eccentricity}")
```

节点 1: 偏心度 = 2
节点 2: 偏心度 = 1
节点 3: 偏心度 = 1
节点 4: 偏心度 = 2

7.3 分子内相互作用网络与预测

识别网络节点变量之间的关联性是一个普遍存在的问题。近年来发展的网络关联性理论计算被应用于许多科学问题与生活场景。例如，科学家希望通过海量的社交网络数据分析识别人与人之间的关系，金融学家希望从大量的金融数据中分析识别出股票之间或者金融现象之间的关联性，生物物理学家则希望从生物分子同源序列中分析识别出序列位点之间空间结构相互作用的关联性。但是，关联性的理论计算方法中存在大量的间接关联结果，如何有效地提取复杂网络中的直接关联性是目前存在的瓶颈问题。

假设有 M 个节点，每个节点可以由一个长度为 L 的向量表示，这个向量上的每一点都是从一个大小为 q 的有限空间中取值的，于是向量中所有成对的节点之间的关联关系就组成了一个复杂的关联网络。

在信息论当中，互信息 (MI) 用以评价两个随机变量之间的依赖程度。两个节点间的 MI 越高，表示位点间相互关联的程度越高。MI 能够刻画成对位点间的关联性，但当超过两个位置的节点表现出相互关联时，节点间所具有的相互关联可能是通过间接关联产生的，也就是两个节点之间的相互关联可能是这些节点和另一个或更多其他节点相互依赖所导致的关联性。一个简单的例子如图 7.11 所示，节点 B 与节点 A、C 之间存在的关联关系导致节点 A 与节点 C 产生了关联性，

7.3 分子内相互作用网络与预测

间接关联性的存在影响了直接关联性的识别。因此，准确区分间接关联和直接关联具有很大的研究价值。

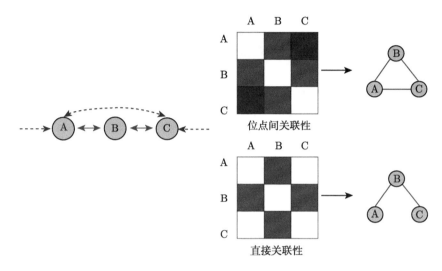

图 7.11 位点间与直接关联性示意图

直接耦合分析 (direct coupling analysis，DCA)[4] 模型可以有效地区分直接关联与间接关联。本节将聚焦于直接耦合分析方法及其应用，阐述直接耦合分析的数学模型，介绍使用直接耦合分析进行蛋白质分子内相互作用预测得到的相关结果。

7.3.1 直接耦合分析模型

1. 研究对象

直接耦合分析的研究对象是 M 个样本，每个样本是一个长度为 L 的向量，即可表示为一个矩阵：

$$\boldsymbol{A} = (A_i^a), \quad i = 1, \cdots, L;\ a = 1, \cdots, M \tag{7.21}$$

A_i^a 从大小为 q 的有限空间 Ω 中取值。为了表达方便，我们将 Ω 中的 q 个元素转换为不间断的正整数 $1, \cdots, q$。

我们的目的是检测 $\boldsymbol{A}$ 任意两列之间的相关性程度 (即任意两个样本间的相关程度)，为了做到这一点，首先介绍单一位点和成对位点的频率计数：

$$f_i(\sigma) = \frac{1}{M} \sum_{a=1}^{M} \delta_{\sigma, A_i^a}, \quad f_{ij}(\sigma, \omega) = \frac{1}{M} \sum_{a=1}^{M} \delta_{\sigma, A_i^a} \delta_{\omega, A_j^a} \tag{7.22}$$

其中 $1 \leqslant i,j \leqslant L$, $1 \leqslant \sigma,\omega \leqslant q$,

$$\delta_{\sigma,A_i^a} = \begin{cases} 1, & \sigma = A_i^a \\ 0, & \sigma \neq A_i^a \end{cases}$$

$f_i(\sigma)$ 表示第 i 列中含有 σ 的样本比例；$f_{ij}(\sigma,\omega)$ 表示第 i 列与第 j 列同时出现 σ 与 ω 的样本比例。

如果 $\boldsymbol{A}$ 的 i,j 列是统计独立的，那么 $f_{ij}(\sigma,\omega)$ 可以分解为 $f_i(\sigma)f_j(\omega)$，与此分解的任何偏差都可以代表列之间存在着相关性，这样的相关性可以用 MI 进行量化

$$\mathrm{MI}_{ij} = \sum_{\sigma,\omega} f_{ij}(\sigma,\omega)\ln\frac{f_{ij}(\sigma,\omega)}{f_i(\sigma)f_j(\omega)} \tag{7.23}$$

$f_{ij}(\sigma,\omega)$ 可以分解为 $f_i(\sigma)f_j(\omega)$，当且仅当 $\mathrm{MI}_{ij} = 0$，$f_{ij}(\sigma,\omega)$ 不可分解时，$\mathrm{MI}_{ij} > 0$。

2. 最大熵模型

正如之前所提及的，$\boldsymbol{A}$ 的列与列之间的相关性可能是由直接的统计耦合引起的，但也可能受到某列的间接相关性的影响，这样直接和间接的影响需要区分开，因此需要构建一个统计模型 $P(x_1,\cdots,x_L)$ 来研究每个样本，这个模型需要与经验数据相一致，即遵从单一位点与成对位点的频率计数：

$$\begin{aligned} P_i(\sigma) &= \sum_{\{x_i=\sigma\}} P(x_1,\cdots,x_L) = f_i(\sigma) \\ P_{ij}(\sigma,\omega) &= \sum_{\{x_i=\sigma,x_j=\omega\}} P(x_1,\cdots,x_L) = f_{ij}(\sigma,\omega) \end{aligned} \tag{7.24}$$

除了以上这些约束，我们的目的是最一般的约束模型 $P(x_1,\cdots,x_L)$，这可以通过最大熵模型进行求解，记 $\boldsymbol{x} = (x_1,\cdots,x_L)$，熵 (7.25) 满足约束条件 (7.24)

$$S = -\sum_{\{\boldsymbol{x}\in\Omega^L\}} P(\boldsymbol{x})\ln P(\boldsymbol{x}) \tag{7.25}$$

我们可以用拉格朗日乘子法进行求解，首先定义拉格朗日乘子：

$$\begin{aligned} L = S &+ \alpha\left(\sum_{\{\boldsymbol{x}\in\Omega^L\}} P(\boldsymbol{x}) - 1\right) + \sum_{i=1}^{L}\sum_{\sigma\in\Omega}\beta_i(\sigma)\left(P_i(\sigma) - f_i(\sigma)\right) \\ &+ \sum_{i,j=1}^{L}\sum_{\sigma,\omega\in\Omega}\gamma_{ij}(\sigma,\omega)\left(P_{ij}(\sigma,\omega) - f_{ij}(\sigma,\omega)\right) \end{aligned} \tag{7.26}$$

7.3 分子内相互作用网络与预测

由 $\dfrac{\partial L}{\partial P(\boldsymbol{x})} = 0$ 得到

$$-(1+\ln P(\boldsymbol{x})) + \alpha + \sum_{i=1}^{L}\sum_{\sigma\in\Omega}\beta_i(\sigma)\delta_{x_i,\sigma}$$
$$+ \sum_{i,j=1}^{L}\sum_{\sigma,\omega\in\Omega}\gamma_{ij}(\sigma,\omega)\delta_{x_i,\sigma}\delta_{x_j,\omega} = 0 \tag{7.27}$$

根据 (7.27)，有

$$P(\boldsymbol{x}) = \frac{1}{Z}\exp\left(\sum_{i=1}^{L}\sum_{\sigma\in\Omega}\beta_i(\sigma)\delta_{x_i,\sigma} + \sum_{i,j=1}^{L}\sum_{\sigma,\omega\in\Omega}\gamma_{ij}(\sigma,\omega)\delta_{x_i,\sigma}\delta_{x_j,\omega}\right) \tag{7.28}$$

其中 $Z = \exp(1-\alpha)$。令

$$h_i(\sigma) := \beta_i(\sigma) + \gamma_{ii}(\sigma,\sigma), \quad e_{ij}(\sigma,\omega) := 2\gamma_{ij}(\sigma,\omega) \tag{7.29}$$

则有

$$P(x_1,\cdots,x_L) = \frac{1}{Z}\exp\left(\sum_{1\leqslant i<j\leqslant L}e_{ij}(x_i,x_j) + \sum_{i=1}^{L}h_i(x_i)\right) \tag{7.30}$$

由 $\sum_{\{\boldsymbol{x}\in\Omega^L\}}P(\boldsymbol{x})\equiv 1$，推出：

$$Z = \exp(1-\alpha) = \sum_{\{\boldsymbol{x}\in\Omega^L\}}\exp\left(\sum_{1\leqslant i<j\leqslant L}e_{ij}(x_i,x_j) + \sum_{i=1}^{L}h_i(x_i)\right) \tag{7.31}$$

Z 被称作配分函数，为了表示方便，我们引入哈密顿量

$$\mathcal{H} = -\sum_{1\leqslant i<j\leqslant L}e_{ij}(x_i,x_j) + \sum_{i=1}^{L}h_i(x_i) \tag{7.32}$$

则模型 $P(x_1,\cdots,x_L)$ 可以表示为 $\dfrac{\exp(\mathcal{H})}{Z}$。

3. 利用平均场近似求解耦合参数

现在的主要问题是通过 $P(x_1,\cdots,x_L)$ 确定边际分布 $P_i(\sigma)$ 与 $P_{ij}(\sigma,\omega)$，可以通过计算等式 (7.24) 中所写的所有变量 x_i 来精确地做到这一点，但所耗费的时

间随着样本的长度而指数增长。已经有人提出了不同的策略来解决这个问题 (其中大多数是 $q=2$ 的 Ising 模型)。这些算法在数据上的相对性能的概述请参阅文献 [6]。

注意到配分函数与边缘分布 $P_i(\sigma)$、$P_{ij}(\sigma,\omega)$ 有着十分紧密的联系：

$$\frac{\partial \ln Z}{\partial h_i(\sigma)} = P_i(\sigma) \tag{7.33}$$

$$\frac{\partial^2 \ln Z}{\partial h_i(\sigma) h_j(\omega)} = P_{ij}(\sigma,\omega) - P_i(\sigma)P_j(\omega) \tag{7.34}$$

式 (7.33) 是显然的，而式 (7.34) 是由于

$$\frac{\partial^2 \ln Z}{\partial h_i(\sigma) h_j(\omega)} = \frac{\partial P_i(\sigma)}{\partial h_j(\omega)}$$

$$= \frac{\partial \left(\sum_{\{x_i=\sigma\}} P(x_1,\cdots,x_L)\right)}{\partial h_j(\omega)}$$

$$= \frac{\sum_{\{x_i=\sigma\}} \partial \left(\frac{1}{Z}\exp\left(\sum_{1\leqslant i<j\leqslant L} e_{ij}(x_i,x_j) + \sum_{i=1}^{L} h_i(x_i)\right)\right)}{\partial h_j(\omega)}$$

$$= \sum_{\{x_i=\sigma, x_j=\omega\}} \left(\frac{1}{Z}\exp(-\mathcal{H})\right) - \frac{1}{Z^2} \sum_{\{x_i=\sigma\}} \exp(-\mathcal{H}) \sum_{\{x_j=\omega\}} \exp(-\mathcal{H})$$

$$= P_{ij}(\sigma,\omega) - P_i(\sigma)P_j(\omega) \tag{7.35}$$

我们引入记号

$$C_{ij}(\sigma,\omega) = P_{ij}(\sigma,\omega) - P_i(\sigma)P_j(\omega) \tag{7.36}$$

其中 i,j 遍历 $1,\cdots,L$，而 σ,ω 遍历 $1,\cdots,q-1$。去掉 $\sigma,\omega=q$ 的意义将在下面给出。我们将 $\{C_{ij}(\sigma,\omega)\}$ 看成 $L(q-1)\times L(q-1)$ 维的矩阵，即每对 (i,σ) 可看作是一个联合指标。

统计模型 (7.28) 具有 $\binom{L}{2}q^2 + Lq$ 个参数，但它们并不都是独立的。事实上约束条件 (7.24) 也并不都是独立的，因为

$$\sum_{\sigma \in \Omega} P_i(\sigma) = 1, \quad i=1,\cdots,L \tag{7.37}$$

$$\sum_{\omega \in \Omega} P_{ij}(\sigma,\omega) = P_i(\sigma), \quad i,j=1,\cdots,L \tag{7.38}$$

7.3 分子内相互作用网络与预测

事实上,我们会发现总共有 $\begin{pmatrix} L \\ 2 \end{pmatrix}(q-1)^2 + L(q-1)$ 个独立的条件,所以我们可以固定 (7.28) 中的一部分参数,不失一般性,我们令

$$e_{ij}(\sigma, q) = e_{ij}(q, A) = h_i(\sigma) = 0 \tag{7.39}$$

其中 $i, j = 1, \cdots, L, \ \sigma = 1, \cdots, L$。

接下来我们引入扰动哈密顿量

$$\mathcal{H}(\alpha) = -\alpha \sum_{1 \leqslant i < j \leqslant L} e_{ij}(\sigma, \omega) - \sum_{i=1}^{L} h_i(\sigma) \tag{7.40}$$

取决于参数 α,接着引入吉布斯势能:

$$-\mathcal{G}(\alpha) = \ln \left[\sum_{\sigma \in \Omega} \exp(-\mathcal{H}(\alpha)) \right] - \sum_{i=1}^{L} \sum_{\sigma=1}^{q-1} h_i(\sigma) P_i(\sigma) \tag{7.41}$$

式 (7.41) 是自由能 $F = -\ln Z$ 的勒让德变换,自由能依赖于耦合与场,吉布斯势能依赖于耦合以及单独位点的边缘分布 $P_i(\sigma)$,即

$$\mathcal{G}(\alpha) = \mathcal{G}\left(\{\alpha\left(e_{ij}(\sigma, \omega)\right)\}_{1 \leqslant i < j \leqslant L}^{\sigma, \omega = 1, \cdots, q-1}, \{P_i(\sigma)\}_{i=1, \cdots, L}^{\sigma, \omega = 1, \cdots, q-1}\right) \tag{7.42}$$

由勒让德变换以及式 (7.33)、式 (7.34) 得到

$$h_i(\sigma) = \frac{\partial \mathcal{G}(\alpha)}{\partial P_i(\sigma)} \tag{7.43}$$

$$\left(C^{-1}\right)_{ij}(\sigma, \omega) = \frac{\partial h_i(\sigma)}{\partial P_j(\omega)} = \frac{\partial^2 \mathcal{G}(\alpha)}{\partial P_i(\sigma) P_j(\omega)} \tag{7.44}$$

下面将吉布斯势能在 $\alpha = 0$ 处作泰勒一阶展开:

$$\mathcal{G}(\alpha) = \mathcal{G}(0) + \left.\frac{\mathrm{d}\mathcal{G}(\alpha)}{\mathrm{d}\alpha}\right|_{\alpha=0} \alpha + O(\alpha^2) \tag{7.45}$$

首先考虑吉布斯势能在 $\alpha = 0$ 时的值

$$\mathcal{G}(0) = \sum_{i=1}^{L} \sum_{\sigma=1}^{q} P_i(\sigma) \ln P_i(\sigma)$$

$$= \sum_{i=1}^{L} \sum_{\sigma=1}^{q-1} P_i(\sigma) \ln P_i(\sigma) + \sum_{i=1}^{L} \left[1 - \sum_{\sigma=1}^{q-1} P_i(\sigma)\right] \ln \left[1 - \sum_{\sigma=1}^{q-1} P_i(\sigma)\right] \tag{7.46}$$

计算 $\dfrac{\mathrm{d}\mathcal{G}(\alpha)}{\mathrm{d}\alpha}$ 在 $\alpha = 0$ 处的值，由式 (7.41)

$$\begin{aligned}
\dfrac{\mathrm{d}\mathcal{G}(\alpha)}{\mathrm{d}\alpha} &= -\dfrac{\mathrm{d}}{\mathrm{d}\alpha}\ln Z(\alpha) - \sum_{i=1}^{L}\sum_{\sigma=1}^{q-1}\dfrac{\mathrm{d}h_i(\sigma)}{\mathrm{d}\alpha}P_i(\sigma) \\
&= -\sum_{\{\boldsymbol{x}\in\Omega^L\}}\left[\sum_{i<j}e_{ij}(\sigma,\omega) + \sum_i \dfrac{\mathrm{d}h_i(\sigma)}{\mathrm{d}\alpha}P_i(\sigma)\right]\dfrac{\exp(-\mathcal{H}(\alpha))}{Z(\alpha)} \\
&\quad - \sum_{i=1}^{L}\sum_{\sigma=1}^{q-1}\dfrac{\mathrm{d}h_i(\sigma)}{\mathrm{d}\alpha}P_i(\sigma) \\
&= -\left\langle \sum_{i<j} e_{ij}(\sigma,\omega) \right\rangle_\alpha
\end{aligned} \quad (7.47)$$

吉布斯势能关于 α 的一阶导数等于耦合项在哈密顿量中的平均。在 $\alpha = 0$ 时，

$$\left.\dfrac{\mathrm{d}\mathcal{G}(\alpha)}{\mathrm{d}\alpha}\right|_{\alpha=0} = -\sum_{i<j}\sum_{\sigma,\omega}e_{ij}(\sigma,\omega)P_i(\sigma)P_j(\omega) \quad (7.48)$$

将式 (7.47) 与式 (7.48) 代入式 (7.45) 得到吉布斯势能的一阶近似。由式 (7.43)，

$$\begin{aligned}
h_i(\sigma) &= \dfrac{\mathrm{d}\mathcal{G}(\alpha)}{\mathrm{d}P_i(\sigma)} \\
&= 1 + \ln P_i(\sigma) - 1 - \ln\left[1 - \sum_{\sigma=1}^{q-1}P_i(\sigma)\right] \\
&\quad - \alpha \sum_{\{j|j\neq i\}}\sum_{\omega=1}^{q-1}e_{ij}(\sigma,\omega)P_j(\omega)
\end{aligned}$$

得到自治方程

$$\dfrac{P_i(\sigma)}{P_i(q)} = \exp\left\{h_i(\sigma) + \sum_{\{j|j\neq i\}}\sum_{\omega=1}^{q-1}e_{ij}(\sigma,\omega)P_j(\omega)\right\} \quad (7.49)$$

以及由式 (7.44)，得

$$(C^{-1})_{ij}(\sigma,\omega) = \begin{cases} -e_{ij}(\sigma,\omega), & i\neq j \\ \dfrac{\delta_{\sigma,\omega}}{P_i(\sigma)} + \dfrac{1}{P_i(q)}, & i = j \end{cases} \quad (7.50)$$

式 (7.50) 允许我们用简单的一步平均场近似解决复杂的耦合系数的问题，由于我们可以通过 $\boldsymbol{A}$ 得到经验数据 $f_i(\sigma)$ 与 $f_{ij}(\sigma,\omega)$，所以只需要确定经验连接相关矩阵：

$$C_{ij}^{(\text{emp})}(\sigma,\omega) = f_{ij}(\sigma,\omega) - f_i(\sigma)f_j(\omega) \tag{7.51}$$

求矩阵的逆，就可以得到耦合系数 e_{ij}。

4. 直接耦合关联度

给定成对耦合 $e_{ij}(\sigma,\omega)$ 的估计，我们希望根据样本位点间的相互作用强度进行成对的排序。为此，我们需要一个从 $(q-1)\times(q-1)$ 维耦合矩阵到单个参数的有意义的映射。这里引入一个新的量，称为直接信息 DI，用来度量基于 $e_{ij}(\sigma,\omega)$ 的直接耦合 [7]。为此，我们单独考虑一对位点 i,j，定义一个双位点模型：

$$P_{ij}^{(\text{dir})}(\sigma,\omega) = \frac{1}{Z_{ij}} \exp\left\{e_{ij}(\sigma,\omega) + \tilde{h}_i(\sigma) + \tilde{h}_j(\omega)\right\} \tag{7.52}$$

其中参数 $\tilde{h}_i(\sigma)$ $\left(\tilde{h}_j(\omega)\right)$ 是为了满足经验

$$\begin{aligned}f_i(\sigma) &= \sum_{\omega=1}^{q} P_{ij}^{(\text{dir})}(\sigma,\omega) \\ f_j(\omega) &= \sum_{\sigma=1}^{q} P_{ij}^{(\text{dir})}(\sigma,\omega)\end{aligned} \tag{7.53}$$

参数 Z_{ij} 是为了满足

$$\sum_{\sigma,\omega=1}^{q} P_{ij}^{(\text{dir})}(\sigma,\omega) = 1 \tag{7.54}$$

直接信息 DI 即为

$$\text{DI}_{ij} = \sum_{\sigma,\omega=1}^{q} P_{ij}^{(\text{dir})}(\sigma,\omega) \ln \frac{P_{ij}^{(\text{dir})}(\sigma,\omega)}{f_i(\sigma)f_j(\omega)} \tag{7.55}$$

7.3.2 直接耦合分析预测蛋白质分子内相互作用

蛋白质分子在各种生物过程中发挥着重要的作用。目前的蛋白质结构预测的方法证明了相互作用信息对蛋白质的结构预测与建模有十分重要的帮助。在蛋白质三维结构中，预测一个蛋白质核酸序列中的两个残基的空间位置是否相近，定义为蛋白质的分子内残基–残基相互作用预测。残基–残基之间的相互作用在维持蛋白质的自然折叠和指导蛋白质折叠中起着重要作用。

生物分子需要形成稳定的空间结构从而实现其生物学功能。因此，序列在重要的相互作用位置以共同进化的方式维持结构和功能的稳定是进化过程中的基本规律。蛋白质相互作用预测的互信息方法 MI 是通过计算多序列比对 (MSA) 中两列序列的联合概率分布推测共同进化位置从而预测相互作用的方法。但利用互信息方法探测相互作用有一个重要的困难，当超过两个位置的残基表现出明显的共同进化的特征时，两个位置间的共变所显示的可能是间接共同进化信息。也就是两个位置之间的明显共变是这些位置和另一个或更多其他位置相互依赖进化的结果。直接相互作用的位置能够提供更多可能的空间接触信息，但间接相互作用的存在给识别直接相互作用带来了困难。

为了解决如何区分直接相互作用与间接相互作用的问题，在互信息算法的基础上，发展了直接耦合分析 (direct coupling analysis, DCA) 的方法，直接耦合分析通过在多序列比对上建立全局统计模型进行残基相互作用预测。优点是能够有效地区分出间接与直接的影响，从而从间接关联中找到直接关联。

1. **蛋白质数据**

蛋白质数据由多序列比对的形式给出，即一个矩阵

$$\boldsymbol{A} = (A_i^a), \quad i = 1, \cdots, L, \quad a = 1, \cdots, M \tag{7.56}$$

其中，L 表示矩阵每一行所含有的残基的数量 (即蛋白质序列的长度)；M 表示蛋白质序列的个数。为方便起见，我们将 $q = 21$ 个 (20 个氨基酸，1 个序列间隔) 氨基酸标记为数字 $1, \cdots, q$。

2. **序列权重调整**

生物序列数据具有明显的采样偏差，这是物种间的同源关系，同一物种的不同品系的排序以及当前排序的物种的偏差等导致的。因此，作为一种简单的修正，我们对式 (7.22) 这些简单的频率数据使用了文献 [7] 的加权方案。

首先，我们定义一个相似阈值 $0 < x < 1$：两个样本的重合度大于 xL 时 (氨基酸重合的位置数)，被认为携带几乎相同的信息，较小的序列重合度被认为携带基本独立的信息。在实际测试中发现，当 x 值在 $0.7 \sim 0.9$ 时，会得到非常相似的结果，我们使用 $x = 0.8$。

对于序列 $A^a = (A_1^a, \cdots, A_L^a)$，我们用式 (7.57) 表示与之相似序列的数量：

$$m^a = \left|\{b \mid 1 \leqslant b \leqslant M, \text{seqid}(A^a, A^b) \geqslant xL\}\right| \tag{7.57}$$

注意到因为 $\text{seqid}(A^a, A^b) \geqslant xL$，所以 $m^a \geqslant 1$。对于每个序列，我们在频率计数中使用 $\dfrac{1}{m^a}$ 的权值，即 MSA 不相似的序列取权重为 1，相似的序列降低权

重。我们将频率计数重新定义为

$$f_i(\sigma) = \frac{1}{\lambda + M_{\text{eff}}} \left(\frac{\lambda}{q} + \sum_{a=1}^{M} \frac{1}{m^a} \delta_{\sigma, A_i^a} \right) \tag{7.58}$$

$$f_{ij}(\sigma, \omega) = \frac{1}{\lambda + M_{\text{eff}}} \left(\frac{\lambda}{q^2} + \sum_{a=1}^{M} \frac{1}{m^a} \delta_{\sigma, A_i^a} \delta_{\omega, A_j^a} \right) \tag{7.59}$$

其中 λ 是伪计数，所有序列的总权重 $M_{\text{eff}} = \sum_{a=1}^{M} \frac{1}{m^a}$ 可以理解为独立序列的有效个数。

注意到，当使用 $x = 1$ 时，将根据每个序列在 MSA 中出现的次数重新加权，从而消除简单的序列重复。较低的 x 值旨在给予密集采样的区域更小的权重，给予抽样不那么密集的区域较高的权重。

3. 模型构建

为了解耦蛋白质位点间的直接相互作用与间接相互作用，我们利用最大熵原理得到全局统计模型：

$$P(x_1, \cdots, x_L) = \frac{1}{Z} \exp \left(\sum_{1 \leqslant i < j \leqslant L} e_{ij}(x_i, x_j) + \sum_{i=1}^{L} h_i(x_i) \right) \tag{7.60}$$

残基–残基之间的直接关联程度的衡量指标为

$$\text{DI}_{ij} = \sum_{\sigma, \omega=1}^{q} P_{ij}^{(\text{dir})}(\sigma, \omega) \ln \frac{P_{ij}^{(\text{dir})}(\sigma, \omega)}{f_i(\sigma) f_j(\omega)} \tag{7.61}$$

蛋白质相互作用预测的直接耦合分析模型如图 7.12 所示，首先由多序列比对生成蛋白质同源序列数据。接着利用最大熵原理求解全局统计模型，利用平均场近似估计耦合参数的大小，由 DI 度量解耦直接相互作用。

4. 相互作用结果与分析

我们选取了一个蛋白质分子 (PDB ID：5PTI) 来说明直接耦合分析在预测蛋白质直接相互作用方面的有效性。当蛋白质的晶体结构已知，如果两个残基的空间最小重原子距离小于 8Å，则认为两个残基间存在直接相互作用。

我们使用 Python 程序包 pydca 来实现平均场近似直接耦合分析 (mean-field DCA)[8]。

为了评估直接耦合分析预测蛋白质相互作用的精确度，我们计算了阳性预测值 PPV

$$\mathrm{PPV} = \frac{\mathrm{TP}}{\mathrm{TP} + \mathrm{FP}} \tag{7.62}$$

其中，TP 表示真阳性的相互作用预测数目，是指存在相互作用的两个残基的预测结果仍然存在相互作用，即预测结果在蛋白质天然态中存在；FP 表示假阳性的相互作用预测数目，是指不存在相互作用的一对残基被预测为存在相互作用，即预测结果在天然结构中不存在。PPV 表示预测中的正确预测占总预测的百分比。

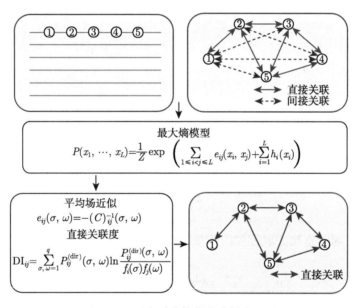

图 7.12　蛋白质直接耦合分析流程图

对于蛋白质 5PTI，我们取前 L 的最高排序对绘制位点间相互作用图谱。如图 7.13 所示，左上角的圆点表示空间最小原子距离小于 8Å 的残基对，预测正确的残基对用右下角的圆点表示，错误预测的残基对用叉号表示。预测精确度达到了 0.914。此外，由图中可以看出直接耦合分析预测的残基不仅可以预测出集中在对角线上的残基对，也就是位点间距较小的残基对，而且可以预测出位点间距大的残基对。实际上，存在相互作用的两个残基之间的序列距离不同，反映的信息也不同。序列距离越靠近的蛋白质残基位点可能包含着二级结构的信息，所以越容易产生相互作用。序列距离较远的远程相互作用在蛋白质三级结构预测中起着决定作用，远程相互作用可以大幅度减少需要搜索的结构空间，因此，若对远程相互作用预测的

7.3 分子内相互作用网络与预测

精度有所改进，蛋白质三级结构预测的准确性和速度将会显著提高。

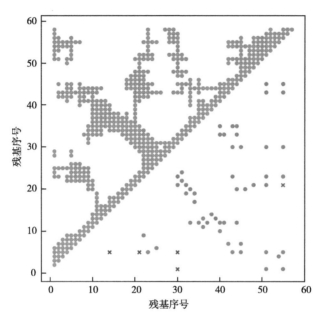

图 7.13 直接耦合分析预测结果。左上角的圆点表示空间最小原子距离小于 8Å 的残基对。右下角的圆点表示预测正确的残基对，叉号表示预测错误的残基对

pydca 计算基于平均场近似的直接耦合分析。

```
#导入pydca模块
from pydca.plmdca import plmdca
from pydca.meanfield_dca import meanfield_dca
from pydca.sequence_backmapper import sequence_backmapper
from pydca.msa_trimmer import msa_trimmer
from pydca.contact_visualizer import contact_visualizer
from pydca.dca_utilities import dca_utilities


rna_msa_file='MSA_5pti.fa'
rna_refseq_file='ref_5pti.fa'


#创建MSATrimmer实例
trimmer=msa_trimmer.MSATrimmer(
    rna_msa_file, biomolecule='protein',
    refseq_file=rna_refseq_file,
```

```
)
trimmed_data= trimmer.get_msa_trimmed_by_refseq(remove_all_gaps=
    True)

#将修剪后的 msa 写入 FASTA 格式的文件
trimmed_data_outfile='MSA_5pti_Trimmed.fa'
with open(trimmed_data_outfile,'w') as fh:
    for seqid, seq in trimmed_data:
        fh.write('>{}\n{}\n'.format(seqid,seq))

#计算平均场近似DCA
mfdca_inst=meanfield_dca.MeanFieldDCA(
    trimmed_data_outfile,
    'protein',
    pseudocount=0.5,
    seqid=0.8,
)


mfdca_FN_APC = mfdca_inst.compute_sorted_FN_APC()

#对预测结果进行可视化
mfdca_visualizer=contact_visualizer.DCAVisualizer('protein','A','5
    pti',
    refseq_file = rna_ refseq_file,
    sorted_dca_scores = mfdca_ FN_APC,
    linear_dist = 4,
    contact_dist = 8.0,
)

contact_map_data = mfdca_visualizer.plot_contact_map()
```

7.4 动力学网络分析

7.3 节已经介绍了分子内相互作用网络的预测,主要关注的是静态的生物分子。本节将视线关注到动力学网络上,介绍如何利用网络理论的概念来描述和研究生物分子的动态系统。

7.4 动力学网络分析

7.4.1 分子动力学模拟与研究体系

细胞周期蛋白依赖性激酶 (cyclin-dependent kinases，CDK) 是调节细胞周期和许多其他生物过程的蛋白激酶家族[9]。例如，CDK1、2、4 和 6 直接参与调节细胞周期；CDK5 是大脑正常发育所必需的；CDK7、8 和 9 是 RNA 聚合酶 II 转录的延伸因子的一部分[10-12]。多种细胞周期蛋白的异常活性可导致肿瘤细胞增殖失控。图 7.14 是 CDK2 蛋白质的三级结构，表 7.1 给出了结构对应的序列。在结构上，CDK 蛋白由富含 β 片的 N 端叶片、C 螺旋、α 螺旋和 C 端组成。在本章节中，将以 CDK2 激酶蛋白为例，利用分子动力学模拟产生的 4ns 的模拟轨道进行动力学网络分析。

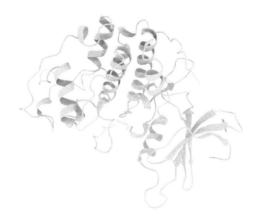

图 7.14　CDK2 蛋白质的三级结构 (PDB ID：1FIN)

表 7.1　CDK2 蛋白质的序列

MENFQKVEKIGEGTYGVVYKARNKLTGEVVALKKIRLDTETEGVPSTAIREISLLKELNHP
NIVKLLDVIHTENKLYLVFEFLHQDLKKFMDASALTGIPLPLIKSYLFQLLQGLAFCHSHRV
LHRDLKPQNLLINTEGAIKLADFGLARAFGVPVRTYTHEVVTLWYRAPEILLGCKYYSTAV
DIWSLGCIFAEMVTRRALFPGDSEIDQLFRIFRTLGTPDEVVWPGVTSMPDYKPSFPKW
ARQDFSKVVPPLDEDGRSLLSQMLHYDPNKRISAKAALAHPFFQDVTKPVPHLRL

本章节进行动力学网络分析时使用的环境为 Ubuntu 20.04 (https://ubuntu.com/)，使用的软件有 VMD1.9.4[13] (https://www.ks.uiuc.edu/Research/vmd/)，Carma v.2.3[14](http://utopia.duth.gr/~glykos/Carma.html)，CatDCD 4.0 预编译二进制文件(http://www.ks.uiuc.edu/Development/MDTools/catdcd/)，gncommunities 和 subopt 程序[15] (http://luthey-schulten.chemistry.illinois.edu/software/networkTools/)。

7.4.2 从动力学模拟到动力学网络

为了将动力学模拟轨道转换成动力学网络,我们首先需要指定网络的节点和边。氨基酸残基、核苷酸分别由单个节点表示。每个氨基酸节点位于 C_α 原子的位置,核苷酸节点位于 P 原子的位置。在动力学模拟中,定义两个不连续的结构单元(蛋白质残基、核苷酸)存在接触的条件是:在模拟过程中,至少 75% 的结构中这两个结构单元的任意一对重原子之间的距离在 4.5Å 以内。如果对应的是单体接触,则用边连接成对的节点。生成动力学网络需要的网络配置文件 network.config 包括以下内容:

```
>Psf
CDK2.psf


>Dcds
CDK2.dcd


>SystemSelection
(chain A) and (not hydrogen)


>NodeSelection
(name CA P)


>Restrictions
notNeighboringCAlpha
notNeighboringPhosphate
```

其中 Psf、Dcds、SystemSelection 和 NodeSelection 是必需的。Psf 和 Dcds 用于定义创建网络的 Psf 和 Dcd 文件。SystemSelection 定义需要创建网络的生物分子的链。NodeSelection 选择将代表网络中节点的原子。Restrictions 是一组约束,它们指定应该从最终网络中删除的其他边。"notNeighboringCAlpha" 不允许具有相邻序号的残基的 C_α 原子之间存在边,"notNeighboringPhosphate" 不允许具有相邻序号的残基的 P 原子之间存在边。

下面利用 VMD 软件生成动态网络。打开 VMD 软件,在控制台 (console) 输入命令:networkSetup network.config。请保证 network.config 配置文件在工作目录下。在这个过程中,VMD 将动力学轨道转换成一个动力学网络,并调用

CatDcD 和 Carma 程序处理节点的轨迹以及输出节点间的成对相关性。接下来可以对生成网络进行可视化。

在 VMD Main 界面选择 Extensions→Analysis→NetworkView，会出现 NetworkView 界面，选择 File→Load Network...，会出现 Load Network 界面。在 Load Network 界面选择生成的网络文件 contact.dat，点击 Open 按钮让 NetworkView 将网络加载到当前的结构中，图 7.15 所示的是本书第 4 章中 CDK2 动力学模拟的网络。

图 7.15　CDK2 动力学模拟网络

7.4.3　动态互相关矩阵

残基间的运动相关性可以用动态互相关矩阵 (dynamical cross-correlation matrix) 来表示，其中矩阵每个元素 C_{ij} 表示节点 i 和 j 之间的运动相关性，可以由下面的公式进行计算：

$$C_{ij} = \frac{\langle \Delta \boldsymbol{r}_i(t) \cdot \Delta \boldsymbol{r}_j(t) \rangle}{(\langle \Delta \boldsymbol{r}_i(t)^2 \rangle \langle \Delta \boldsymbol{r}_j(t)^2 \rangle)^{\frac{1}{2}}} \tag{7.63}$$

其中，$\boldsymbol{r}_i(t)$ 表示蛋白质或 RNA 的第 i 个残基或核苷酸的 C_α 或 P 原子在时间 t 的位置。$\Delta \boldsymbol{r}_i(t) = \boldsymbol{r}_i(t) - \langle \boldsymbol{r}_i(t) \rangle$，$\langle \cdot \rangle$ 表示对括号内数量取关于时间的平均值。残基之间的相关性在 −1 到 1 的范围内。如果残基在大多数的帧中的运动方向相同，则认为运动是相关的，C_{ij} 为正值。如果它们在大多数的帧中朝相反的方向运动，则运动是反相关的，并且 C_{ij} 将是负值。如果两个残基之间的相关值接近于零，那么我们就说这个运动是不相关的。4ns 的 CDK2 分子动力学模拟的残基–残基运动相关性如图 7.16 所示。动力学网络可以利用残基间运动相关性 C_{ij} 变为加权网络，边的权值由 $w_{ij} = -\ln(|C_{ij}|)$ 给出，如图 7.17 所示。

可以对加权之后的网络进行可视化。在 NetworkView 的 Display Parameters 功能区将 Edge Size 参数选为 weight 选项。点击 Draw 按钮更新网络图像。

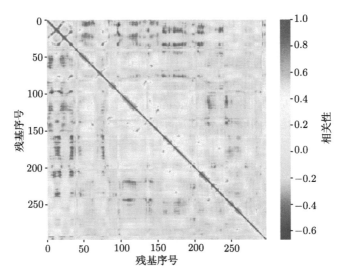

图 7.16　4ns 的 CDK2 的动态互相关矩阵热力图

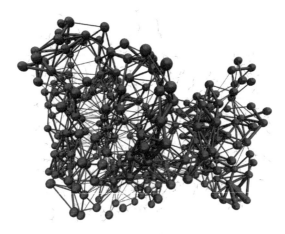

图 7.17　CDK2 动力学加权网络，边的粗细对应于权值 $w_{ij} = -\ln(|C_{ij}|)$

7.4.4　动力学网络社区划分

基于动力学网络，我们可以做进一步的分析。首先，我们将通过 Girvan-Newman 算法得到网络的社区子结构。社区是对原始网络划分之后的子网络。社区中的节点在该社区内的连接比与其他社区中的节点的连接更多、更强。基于运动相关性的权重，社区对应着相互协同运动的残基的集合。

运行 gncommunities 程序可以计算 CDK2 动力学网络的社区划分，在终端输入命令：./gncommunities contact.dat communities.out。程序会产生四个文件：

betweenness.dat、communities.out、Community.tcl、output.log、communities.out，这四个文件是使用 NetworkView 操作和展示社区所需要的。

下面加载动力学网络数据 (contact.dat)。在 NetworkView 界面选择 File→Load Community Data···，会出现 Load Commnities 界面。在 Load Commnities 界面选择由 gncommunities 程序生成的社区划分文件 communities.out，点击 Open 按钮就可以让 NetworkView 导入社区信息到当前的动力学网络中。

现在，CDK2 动力学网络的社区结构已经可以在 NetworkView 界面进行操作。可以选择单个社区进行激活和上色，也可以选择一组社区进行操作。在 NetworkView 界面的 Node Selection 部分选择 Community 选项下的数字 3(代表社区 3)。为了给这个社区上色，在 Action 部分选择 Color ID，设置颜色为 orange，点击 Apply 和 Draw 就能显示对 CDK2 动力学网络社区 3 单独赋色 (图 7.18)。

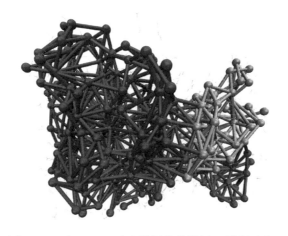

图 7.18 对 CDK2 动力学网络的社区 3 进行赋色

为了只显示社区 3，在 Node Selection 部分选择 Community 选项下的所有社区，接着在 Action 部分选择 deactivate，点击 Apply 和 Draw 使整个网络消失。然后在 Node Selection 部分选择 Community 选项下的社区 3，在 Action 部分选择 activate，点击 Apply 和 Draw 只显示社区 3 的网络结构 (图 7.19)。

可以用 Color Communities 选项对整个网络的不同社区进行赋色。首先显示整个动力学网络，然后在 Action 部分选择 Color Communities，点击 Apply 和 Draw 显示对每个社区进行赋色的网络图像 (图 7.20)。

社区之间是通过关键的节点和边进行连接的，可以通过计算网络性质边的介数中心性得到关键的节点和边。我们可以突出显示社区间的关键节点和边。首先在 NetworkView 的 Node Selection 部分选择 Critical Node 选项，接着在 Action 部分选择 Color ID 选项并选择颜色为 pink，最后点击 Apply 和 Draw 就可以显示网络社区间的关键节点和边 (图 7.21)。

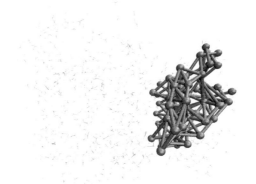

图 7.19　只显示 CDK2 动力学网络的社区 3

图 7.20　对 CDK2 动力学网络的每个社区赋予不同的颜色

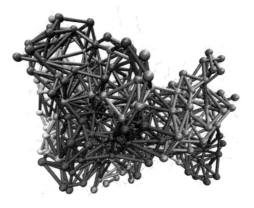

图 7.21　识别 CDK2 动力学网络的社区间的关键节点与边 (标注为粉色)

7.4.5 最优路径和次优路径识别

在加权网络中，从节点 i 到节点 j 的路径长度 D_{ij} 是沿路径的连续节点对 (m, n) 之间的权值之和：$D_{ij} = \sum_{m,n} w_{mn}$。利用 Floyd-Warshall 算法，可以找出节点对之间的最短距离 D_{ij}^0。最短距离代表的路径就是节点 i 和 j 的最优路径。虽然最优路径是节点间最主要的通信方式，然而，衡量节点之间路径退化的一项关键指标是：在稍长于最优路径的距离范围 δ 内存在的路径数量。将这些比最优路径稍长的路径称作次优路径。

利用 subopt 程序可以从动力学网络邻接矩阵生成次优路径。subopt 程序将源节点和目标节点作为参数，因此需要获得每个残基在动力学网络中的节点序号，可以通过 VMD 软件中的 Extensions→TkConsole 命令行来完成。我们选取 CDK2 蛋白序列上的 G11 和 T290 两个残基，分析它们之间的次优路径。

要确定 G11 残基和 T290 残基的节点序号，在 TkConsole 界面，分别输入下述两条命令：

::NetworkView::getNodesFromSelection"chain A and resid 11 and name CA"
::NetworkView::getNodesFromSelection"chain A and resid 290 and name CA"

这两条命令将返回 G11 残基对应的节点序号 10 和 T290 残基对应的节点序号 289。接着对动力学网络运行 subopt 程序，在工作目录下的终端中输入命令：./subopt contact.dat G11-T290 40 10 289，可以计算得出从 G11 残基到 T290 残基之间的次优路径。

计算得出次优路径之后，就可以在 NetworkView 界面将它们导入。在 NetworkView 界面选择 File→Load Suboptimal Path Data···，选择生成的次优路径文件 G11-T290.out，点击 Open 按钮将次优路径的信息加载到当前动力学网络。最后，对生成的次优路径进行可视化。将整个网络的颜色重新设置为蓝色，并用 Deactivate 隐藏整个网络。要显示次优路径，选择 Node Selection 下的 Suboptimal Path，单击 Suboptimal Path 右侧的 All 按钮，选择所有的次优路径。接着选择 Action 下的 Activate 选项。最后点击 Apply 和 Draw 就可以显示所有的次优路径。最优路径是 Node Selection 下 Suboptimal Path 序号为 0 的路径，将它的颜色变为红色以便和次优路径进行区分。图 7.22 展示了 CDK2 动力学网络中 G11 残基到 T290 残基之间的所有次优路径，图中 CDK2 的三级结构是用 Tube 格式显示的。

不同的次优路径会共用网络中相同的边，通过次优路径的数量越多，边在网络中的重要性越高。可以在 NetworkView 上对每条边经过的最优路径数量进行可视化。选择 Action 下的 Load into Value，确保它的选项为 suboptPathCount，点击 Apply 按钮。接下来进行可视化,选择 Display Parameters 下的 Edge Size,设置其值为 value。点击 Draw 按钮。图 7.23 显示了每条边经过的次优路径数量的加权。经过的次优路径数量越多,则边就越粗。与次优路径中显示的其余边相比,最优路径包含相对较粗的边。

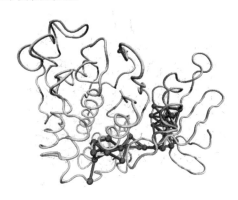

图 7.22　CDK2 动力学网络中 G11 残基到 T290 残基之间的次优路径
次优路径是蓝色的,最优路径是红色的

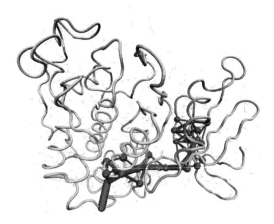

图 7.23　可视化 CDK2 动力学网络中 G11 残基到 T290 残基之间的次优路径上每条边经过的次优路径的数量

7.5　基于复杂网络的生物分子复合物相互作用位点预测

7.5.1　问题背景

生物分子需要通过它们之间的相互作用来实现其复杂的生物学功能,例如核糖开关 RNA 通常与代谢物小分子绑定来调控基因的表达[16,17]。结合小分子配体的核糖开关三级结构如图 7.24 所示[18]。信号识别粒子复合物三级结构如图 7.25 所示[19-22]。确定生物分子复合物间的相互作用位点对理解它们的功能和意义十分重要。本章节我们将以 RNA 与小分子配体的复合物为例，介绍如何用复杂网络的理论模型预测识别其小分子配体的相互作用位点[23]。

图 7.24　结合小分子配体的核糖开关三级结构 (PDB ID: 1Y26)

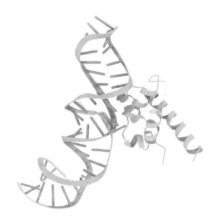

图 7.25　信号识别粒子复合物三级结构 (PDB ID: 1HQ1)

7.5.2　模型搭建

首先，将 RNA 的三级结构转化为复杂网络的形式，其中网络的节点代表 RNA 的核苷酸单元，网络的边代表核苷酸单元之间的非共价相互作用。之前的研究表明，8Å 可以作为 RNA 三级结构相互作用的可靠接触截断[24,25]。我们以 HIV-2 TAR RNA(PDB ID: 1AJU) 为例，展示网络搭建的过程。图 7.26 显示了 HIV-2 TAR RNA 结合小分子的三级结构[26]。

图 7.26　HIV-2 TAR RNA 结合小分子的三级结构 (PDB ID: 1AJU)

下面是 RNA 1AJU 的 PDB 文件的部分内容：

```
ATOM   1   O5'  G A 16    0.909  27.528  -2.558  1.00  0.00  O
ATOM   2   C5'  G A 16    1.375  26.201  -2.300  1.00  0.00  C
ATOM   3   C4'  G A 16    1.389  25.895  -0.820  1.00  0.00  C
ATOM   4   O4'  G A 16    0.064  26.134  -0.274  1.00  0.00  O
......
ATOM  961  H41  C A 46   -6.580  20.416   0.437  1.00  0.00  H
ATOM  962  H42  C A 46   -8.275  20.847   0.408  1.00  0.00  H
ATOM  963  H5   C A 46   -9.560  21.277   2.419  1.00  0.00  H
ATOM  964  H6   C A 46   -9.470  21.386   4.857  1.00  0.00  H
```

通过搭建网络 (图 7.27)，我们可以得到 RNA 1AJU 的相互作用网络的邻接矩阵。

网络搭建完成后的结构图可以使用 Gephi 软件进行绘制[27]。

随着 RNA 三级结构网络的构建，识别 RNA 相互作用位点可以转换为寻找网络中的关键节点。在我们所搭建的无向网络中，网络的节点的基本性质是研究相互作用位点的关键。通过对 RNA 与小分子结合过程的分析，我们可以了解到小分子往往通过识别 RNA 的短程结合口袋，进而通过功能调节影响 RNA 的全局结构。所以我们需要找出表示 RNA 三级结构网络中可以描述局部特征和全局特征的指标。在 7.2 节，我们已经介绍了网络的局部和全局特征，在这里，我们选取了节点度和接近中心性进行 RNA 无向网络中节点重要性的排序。仍以 RNA 1AJU 为例，通过计算节点的度和接近中心性，我们将得到表 7.2 所示结果。

7.5 基于复杂网络的生物分子复合物相互作用位点预测

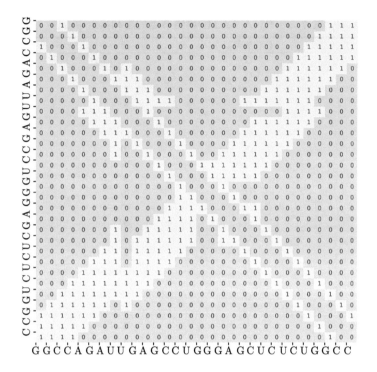

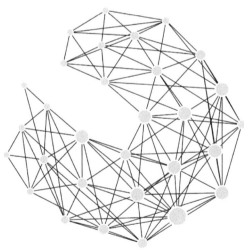

图 7.27 RNA 1AJU 的网络表示

表 7.2 RNA 1AJU 网络节点的度和接近中心性

序号	核苷酸类型	度	接近中心性
1	G	4	0.312
2	G	5	0.345
3	C	7	0.403
4	C	8	0.420
5	A	9	0.468
6	G	10	0.518
7	A	10	0.527
8	U	12	0.558
9	U	8	0.483
10	G	10	0.537
11	A	10	0.509
12	G	9	0.483
13	C	9	0.468
14	C	8	0.403
15	U	6	0.363
16	G	2	0.299
17	G	3	0.302
18	G	6	0.362
19	A	6	0.377
20	G	8	0.460
21	C	10	0.475
22	U	9	0.500
23	C	9	0.518
24	U	10	0.527
25	C	10	0.509
26	U	10	0.518
27	G	9	0.453
28	G	8	0.414
29	C	6	0.363
30	C	5	0.322

当节点的度与接近中心性的数值高于一定的截断值时，我们将这些节点识别为 RNA 的小分子相互作用位点。根据参考文献 [28]，当截断值等于平均值加上标准差时，可以识别出复杂构象的关键位点。因此，我们确定截断值为平均值加上标准差。

7.5.3 研究结果

由搭建好的模型，计算 1AJU RNA 的度的截断值为 10.215，接近中心性的截断值为 0.518，可以找到满足 1AJU RNA 的相互作用位点为序列上第 8 个核苷酸 U

G G C C A G A U U G A G C C U G G G A G C U C U C U G G C C

而 1AJU RNA 的真实的小分子配体相互作用位点为

G G C C A G A U U G A G C C U G G G A G C U C U C U G G C C

其中小分子配体相互作用位点是通过计算 RNA 的任一核苷酸到小分子配体间的距离小于 4Å 定义的[29,30]。可以看出，在 1AJU RNA 这个例子中，基于复杂网络的策略可以准确预测出 RNA 的小分子配体相互作用位点。进一步，我们选取了 19 个 RNA 与小分子配体结构，来验证基于复杂网络的策略在识别 RNA 小分子配体相互作用位点方面的有效性。

为了评估预测 RNA 相互作用位点的精度，我们使用精确度 (PPV) 指标评价我们预测结果的好坏。其中 PPV 表示的意义为预测结果中预测正确的相互作用位点的占比。PPV 的计算公式在 7.3 节已给出。图 7.28 展示了对 19 个 RNA 相互作用位点的预测精度，平均预测精度为 0.80，这进一步表明了基于复杂网络的策略可以较准确地预测 RNA 与小分子配体的相互作用位点。

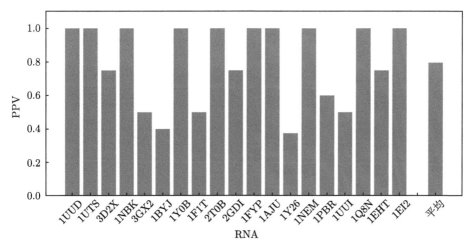

图 7.28　19 个 RNA 小分子配体相互作用位点的预测结果
平均预测精确度为 0.80

7.6　小　　结

根据软物质生物分子相互作用和三维空间结构，从理论上构建其相应的网络结构对于研究生物分子的结构特征和理解其生物学功能具有极其重要的理论和实际意义。本章简要介绍了网络图论的一些基本概念和网络科学使用的一些工具，为我们进一步研究软物质生物分子网络奠定了基础。生物分子的网络结构搭建和分析是生物分子网络研究的关键步骤。对静态的生物分子网络可以通过网络中心度等网络特征和直接耦合分析方法识别生物分子的关键节点和相互作用。运用分子动力学模拟产生的软物质生物分子动力学网络模型可以有效地描述生物分子的动力学特征，识别网络社区结构以及生物分子节点间的通信路径。本章为读者展现了复杂网络在软物质生物分子研究领域中的作用，它将为生物分子调控机理、药物设计和结合机制的基础理论与应用研究提供有利的工具。

7.7 课后练习

习题 1

图 7.29 展示的是一个蛋白质–蛋白质相互作用网络 (来源：STRING 数据库[1])。
(1) 计算网络的度分布。
(2) 利用全局网络特征分析节点在网络中的重要性。
(3) 计算直径 $d_{\max}$，写出直径 $d_{\max}$ 关于节点总数 N 的表达式。
(4) 该网络具有小世界性质吗？

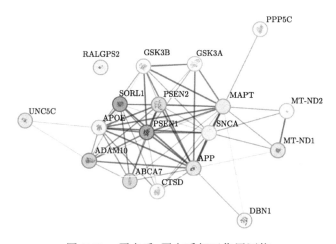

图 7.29 蛋白质–蛋白质相互作用网络

习题 2

Barabási-Albert 模型 (简称 BA 模型) 是一个可以生成度分布满足幂律分布的网络生长模型。它通过每个时间步，向网络中添加一个拥有 m 条边的新节点，进行网络的生长[5]。借助计算机编程工具 (Python、Matlab 等)，利用 BA 模型，生成一个 10000 步长, $m = 4$ 的网络。初始网络是一个拥有 4 个节点的完全图。计算生成网络的度分布，并可视化生成的网络。

习题 3 动力学网络分析

利用本书提供的 CDK2 蛋白质分子动力学模拟轨道完成以下任务：

(1) 搭建 CDK2 蛋白质的动力学网络。

(2) 计算残基的动态相关矩阵，并用热力图可视化。

(3) 借助 Girvan-Newman 算法对网络进行社区识别，并对社区识别的结果进行可视化。

(4) 生成 A21 与 F247 残基对之间的最优路径和次优路径，并对生成的路径进行可视化。

习题 4 搭建生物分子复杂网络结构

尝试利用计算机编程软件 (Python、Matlab 等) 将 PDB code 为 1AJU 的 RNA 分子变为复杂的网络结构，生成网络的标准参照 7.5 节。对生成的网络进行可视化。1AJU RNA 分子可以通过 RCSB PDB 数据库网站下载 (https://www.rcsb.org/)。

习题 5 生物分子内相互作用预测

(1) 极大伪似然估计方法 (pseudolikelihood maximization) 也被用来计算直接耦合分析 (plmdca)[31]。请利用 Python 软件包 pydca，用 plmdca 预测蛋白质 5PTI 的相互作用。

(2) 直接耦合分析也被用于预测 RNA 分子内核苷酸的相互作用。请利用 pydca 预测核糖开关 1Y26 的 RNA 分子内相互作用。

延 展 阅 读

网络反卷积识别网络中的直接相互作用

我们在 7.3 节介绍了直接耦合分析 (direct coupling analysis) 如何区分网络中的直接与间接相互作用。事实上，区分网络中各个节点之间的直接关系是网络中普遍存在的一个问题，包括了生物、社会，以及信息科学中需要从数以万计的间接关联中捕获出直接关联的关系网络。

我们可以使用网络去卷积的方法对直接耦合分析得到的相互作用网络中的间接相互作用噪声进一步优化。对于一个可观测的网络 G_{obs}，它的对角线上的元素都为 0，并且它是真实的直接相互作用网络 G_{dir} 以及在 $G_{\text{dir}}^2, G_{\text{dir}}^3, \cdots$ 中由间接路径长度增加导致的间接权重的加和，即

$$G_{\text{obs}} = G_{\text{dir}} + G_{\text{indir}} = G_{\text{dir}} + G_{\text{dir}}^2 + G_{\text{dir}}^3 + \cdots \tag{7.64}$$

问题就转换成了如何从观测到的相互作用网络 G_{obs} 中逆向推导出直接相互作用网络 G_{dir}。对式 (7.64) 给出的 G_{obs} 的无穷级数表达式进行求和，得到表达式

$$G_{\text{obs}} = G_{\text{dir}} \left(I - G_{\text{dir}} \right)^{-1} \tag{7.65}$$

进而得出 G_{dir} 关于 G_{obs} 的表达式:

$$G_{\text{dir}} = G_{\text{obs}}(I + G_{\text{obs}})^{-1} \tag{7.66}$$

接着求出 G_{obs} 的特征值与特征向量,将 G_{obs} 转换为标准型的形式

$$G_{\text{obs}} = U\Omega_{\text{obs}}U^{-1} \tag{7.67}$$

其中

$$\Omega_{\text{obs}} = \begin{pmatrix} \lambda_1^{\text{obs}} & 0 & \cdots & 0 \\ 0 & \lambda_2^{\text{obs}} & \cdots & 0 \\ \vdots & \vdots & \ddots & \vdots \\ 0 & 0 & \cdots & \lambda_n^{\text{obs}} \end{pmatrix} \tag{7.68}$$

这里 $\lambda_1^{\text{obs}}, \lambda_2^{\text{obs}}, \cdots, \lambda_n^{\text{obs}}$ 是邻接矩阵 G_{obs} 的特征值。直接相互作用网络的邻接矩阵 G_{dir} 的特征值 λ_i^{dir} 可以根据 (7.64) 由 G_{obs} 的特征值得出

$$\lambda_i^{\text{dir}} = \frac{\lambda_i^{\text{obs}}}{1 + \lambda_i^{\text{obs}}} \tag{7.69}$$

这是因为

$$\begin{aligned}
G_{\text{obs}} &= G_{\text{dir}} + G_{\text{indir}} = G_{\text{dir}} + G_{\text{dir}}^2 + \cdots \\
&= \left(U\Omega_{\text{dir}}U^{-1}\right) + \left(U\Omega_{\text{dir}}^2 U^{-1}\right) + \cdots \\
&= U\left(\Omega_{\text{dir}} + \Omega_{\text{dir}}^2 + \cdots\right)U^{-1} \\
&= U \begin{pmatrix} \sum_{i \geqslant 1}\left(\lambda_1^{\text{dir}}\right)^i & 0 & \cdots & 0 \\ 0 & \sum_{i \geqslant 1}\left(\lambda_2^{\text{dir}}\right)^i & \cdots & 0 \\ \vdots & \vdots & \ddots & \vdots \\ 0 & 0 & \cdots & \sum_{i \geqslant 1}\left(\lambda_n^{\text{dir}}\right)^i \end{pmatrix} U^{-1} \\
&= U \begin{pmatrix} \dfrac{\lambda_1^{\text{dir}}}{1 - \lambda_1^{\text{dir}}} & 0 & \cdots & 0 \\ 0 & \dfrac{\lambda_2^{\text{dir}}}{1 - \lambda_2^{\text{dir}}} & \cdots & 0 \\ \vdots & \vdots & \ddots & \vdots \\ 0 & 0 & \cdots & \dfrac{\lambda_n^{\text{dir}}}{1 - \lambda_n^{\text{dir}}} \end{pmatrix} U^{-1} \tag{7.70}
\end{aligned}$$

这样就得到了 $\boldsymbol{G}_{\mathrm{dir}}$ 的求解表达式:

$$\boldsymbol{G}_{\mathrm{dir}} = \boldsymbol{U}\boldsymbol{\Omega}_{\mathrm{dir}}\boldsymbol{U}^{-1} \tag{7.71}$$

其中

$$\boldsymbol{\Omega}_{\mathrm{dir}} = \begin{pmatrix} \lambda_1^{\mathrm{dir}} & 0 & \cdots & 0 \\ 0 & \lambda_2^{\mathrm{dir}} & \cdots & 0 \\ \vdots & \vdots & \ddots & \vdots \\ 0 & 0 & \cdots & \lambda_n^{\mathrm{dir}} \end{pmatrix} \tag{7.72}$$

前面的分析都是基于 $\boldsymbol{G}_{\mathrm{obs}}$ 和 $\boldsymbol{G}_{\mathrm{dir}}$ 可对角化的前提,尽管对于对称矩阵 (无向网络) 和一些非对称矩阵是可以对角化的,但许多非对称矩阵是不可对角化的。因此需要拓展网络反卷积 (network deconvolution) 算法到一般不可对角矩阵。这里使用的是一种基于迭代梯度下降的方法。

为简单起见,在这一部分中,我们只考虑模型的二次项,即 $\hat{\boldsymbol{G}}_{\mathrm{indir}} = \boldsymbol{G}_{\mathrm{dir}}^2$,如果 $\boldsymbol{G}_{\mathrm{dir}}$ 的最大绝对特征值足够小,则高阶扩散项呈指数衰减,可以忽略它们。同样,假设观察到的依赖矩阵 $\boldsymbol{G}_{\mathrm{obs}}$ 缩放为 $g_{i,j}^{\mathrm{obs}} \leqslant \frac{1}{2}$。这个假设是为了凸优化所必需的,可以通过线性缩放相互作用网络的邻接矩阵来获得。

设 $\Gamma(\boldsymbol{G}_{\mathrm{dir}})$ 表示误差能量:

$$\begin{aligned} \Gamma(\boldsymbol{G}_{\mathrm{dir}}) &= \left\| \boldsymbol{G}_{\mathrm{obs}} - \left(\boldsymbol{G}_{\mathrm{dir}} + \hat{\boldsymbol{G}}_{\mathrm{indir}} \right) \right\|_F^2 \\ &= \sum_{i=1}^n \sum_{j=1}^n \left(g_{i,j}^{\mathrm{obs}} - (g_{i,j}^{\mathrm{dir}} + \hat{g}_{i,j}^{\mathrm{indir}}) \right)^2 \end{aligned} \tag{7.73}$$

其中 $\|\cdot\|_F$ 表示费罗贝尼乌斯 (Frobenius) 范数。为了计算 $\boldsymbol{G}_{\mathrm{dir}}$,最小化误差能量。这可以表示为以下优化问题:

$$\min_{\boldsymbol{G}_{\mathrm{dir}}} \Gamma(\boldsymbol{G}_{\mathrm{dir}}) \tag{7.74}$$

设 $\nabla\Gamma(\boldsymbol{G}_{\mathrm{dir}})$ 是 $\Gamma(\boldsymbol{G}_{\mathrm{dir}})$ 关于 $\boldsymbol{G}_{\mathrm{dir}}$ 的梯度,$\nabla\Gamma(\boldsymbol{G}_{\mathrm{dir}})$ 的 (i,j) 处的元素为

$$[\nabla\Gamma]_{i,j} = \frac{\partial \Gamma}{\partial g_{i,j}^{\mathrm{obs}}} \tag{7.75}$$

可以利用下面的梯度下降算法对式 (7.74) 的优化问题求一个全局最优解:

$$\text{Step } 0 : \boldsymbol{G}_{\mathrm{dir}}^1 = \boldsymbol{G}_{\mathrm{obs}}$$

$$\text{Step } i: \boldsymbol{G}_{\text{dir}}^{i+1} = \boldsymbol{G}_{\text{dir}}^{i} - \beta_i \nabla \varGamma(\boldsymbol{G}_{\text{dir}})$$

步长 β_i 是一个递减序列,可以通过多种方式选择。由于式 (7.74) 的优化问题是凸的 (需要条件 $g_{i,j}^{\text{obs}} \leqslant \frac{1}{2}$),该算法收敛于全局最优解。在非凸情况下,提出的梯度下降算法收敛于局部最优解。

接下来,我们应用网络反卷积来推断蛋白质内氨基酸对之间的相互作用 (预测蛋白质 2O72 的相互作用网络)。我们将网络反卷积应用于基于直接耦合分析的加权相互作用网络。如图 7.30 所示,对于测试蛋白质 2O72,网络反卷积 (ND) 确定的相互作用数量始终高于互信息方法 (MI)。网络反卷积为直接信息 (DI) 提供了改进,经过网络反卷积处理的直接信息 (DI+ND) 始终高于单独使用直接信息得到的直接相互作用数量,表明了网络反卷积的有效性。网络反卷积的具体细节请查阅参考文献 [2]。

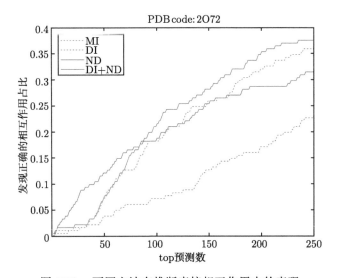

图 7.30 不同方法在推断直接相互作用中的表现
MI:互信息法;DI:直接耦合分析计算得到的直接信息;ND:网络反卷积法

参 考 文 献

[1] Szklarczyk D, Kirsch R, Koutrouli M, et al. The STRING database in 2023: protein-protein association networks and functional enrichment analyses for any sequenced genome of interest[J]. Nucleic Acids Research, 2022, 51: D638-D646.

[2] Feizi S, Marbach D, Médard M, et al. Network deconvolution as a general method to distinguish direct dependencies in networks[J]. Nature Biotechnology, 2013, 31: 726-733.

[3] Wu X, Zhu L, Guo J, et al. Prediction of yeast protein-protein interaction network: insights from the Gene Ontology and annotations[J]. Nucleic Acids Research, 2006, 34: 2137-2150.

[4] Morcos F, Pagnani A, Lunt B, et al. Direct-coupling analysis of residue coevolution captures native contacts across many protein families[J]. Proceedings of the National Academy of Sciences, 2011, 108: E1293-E1301.

[5] Barabási A L, Albert R. Emergence of scaling in random networks[J]. Science, 1999, 286: 509-512.

[6] Roudi Y, Aurell E, Hertz J. Statistical physics of pairwise probability models[J]. Frontiers in Computational Neuroscience, 2009, 3: 22.

[7] Weigt M, White R A, Szurmant H, et al. Identification of direct residue contacts in protein-protein interaction by message passing[J]. Proceedings of the National Academy of Sciences, 2009, 106: 67-72.

[8] Zerihun M B, Pucci F, Peter E K, et al. pydca v1.0: a comprehensive software for direct coupling analysis of RNA and protein sequences[J]. Bioinformatics, 2019, 36: 2264-2265.

[9] Endicott J A, Noble M E M. Structural principles in cell-cycle control: beyond the CDKs[J]. Structure, 1998, 6: 535-541.

[10] Ubersax J A, Woodbury E L, Quang P N, et al. Targets of the cyclin-dependent kinase Cdk1[J]. Nature, 2003, 425: 859-864.

[11] Loog M, Morgan D O. Cyclin specificity in the phosphorylation of cyclin-dependent kinase substrates[J]. Nature, 2005, 434: 104-108.

[12] Holt L J, Tuch B B, Villén J, et al. Global analysis of Cdk1 substrate phosphorylation sites provides insights into evolution[J]. Science, 2009, 325: 1682-1686.

[13] Humphrey W, Dalke A, Schulten K. VMD: visual molecular dynamics[J]. Journal of Molecular Graphics, 1996, 14: 33-38.

[14] Glykos N M. Software news and updates carma: a molecular dynamics analysis program[J]. Journal of Computational Chemistry, 2006, 27: 1765-1768.

[15] Sethi A, Eargle J, Black A A, et al. Dynamical networks in tRNA:protein complexes[J]. Proceedings of the National Academy of Sciences, 2009, 106: 6620-6625.

[16] Gong Z, Zhao Y, Chen C, et al. Insights into ligand binding to PreQ1 riboswitch aptamer from molecular dynamics simulations[J]. Plos One, 2014, 9: e92247.

[17] Gong Z, Zhao Y, Chen C, et al. Role of ligand binding in structural organization of add a-riboswitch aptamer: a molecular dynamics simulation[J]. Journal of Biomolecular Structure and Dynamics, 2011, 29: 403-416.

[18] Serganov A, Yuan Y R, Pikovskaya O, et al. Structural basis for discriminative regulation of gene expression by adenine and guanine-sensing mRNAs[J]. Chemi Biol, 2004, 11: 1729-1741.

[19] Weichenrieder O, Wild K, Strub K, et al. Structure and assembly of the Alu domain of the mammalian signal recognition particle[J]. Nature, 2000, 408: 167-173.

[20] Wild K, Sinning I, Cusack S. Crystal structure of an early protein-RNA assembly complex of the signal recognition particle[J]. Science, 2001, 294: 598-601.

[21] Hainzl T, Huang S, Sauer-Eriksson A E. Structure of the SRP19-RNA complex and implications for signal recognition particle assembly[J]. Nature, 2002, 417: 767-771.

[22] Batey R T, Sagar M B, Doudna J A. Structural and energetic analysis of RNA recognition by a universally conserved protein from the signal recognition particle11edited by D. Draper[J]. Journal of Molecular Biology, 2001, 307: 229-246.

[23] Wang K, Jian Y, Wang H, et al. RBind: computational network method to predict RNA binding sites[J]. Bioinformatics, 2018, 34: 3131-3136.

[24] De Leonardis E, Lutz B, Ratz S, et al. Direct-coupling analysis of nucleotide coevolution facilitates RNA secondary and tertiary structure prediction[J]. Nucleic Acids Research, 2015, 43: 10444-10455.

[25] Weinreb C, Riesselman Adam J, Ingraham John B, et al. 3D RNA and functional interactions from evolutionary couplings[J]. Cell, 2016, 165: 963-975.

[26] Brodsky A S, Williamson J R. Solution structure of the HIV-2 TAR-argininamide complex11edited by I. Tinoco[J]. Journal of Molecular Biology, 1997, 267: 624-639.

[27] Bastian M, Heymann S, Jacomy M. Gephi: an open source software for exploring and manipulating networks[J]. proceedings of the International AAAI Conference on Web and Social Media, 2009, 3: 361-362.

[28] Zhao Y, Jian Y, Liu Z, et al. Network analysis reveals the recognition mechanism for dimer formation of bulb-type lectins[J]. Scientific Reports, 2017, 7: 2876.

[29] Davis B, Afshar M, Varani G, et al. Rational design of inhibitors of HIV-1 TAR RNA through the stabilisation of electrostatic "Hot Spots"[J]. Journal of Molecular Biology, 2004, 336: 343-356.

[30] Si J, Cui J, Cheng J, et al. Computational prediction of RNA-binding proteins and binding sites[J]. International Journal of Molecular Sciences, 2015, 16: 26303-26317.

[31] Ekeberg M, Hartonen T, Aurell E. Fast pseudolikelihood maximization for direct-coupling analysis of protein structure from many homologous amino-acid sequences[J]. Journal of Computational Physics, 2014, 276: 341-356.

《21世纪理论物理及其交叉学科前沿丛书》
已出版书目

(按出版时间排序)

1. 真空结构、引力起源与暗能量问题　王顺金　　　　　　2016年4月
2. 宇宙学基本原理（第二版）　　　龚云贵　　　　　　　2016年8月
3. 相对论与引力理论导论　　　　　赵　柳　　　　　　　2016年12月
4. 纳米材料热传导　　　　　　　　段文晖，张　刚　　　2017年1月
5. 有机固体物理（第二版）　　　　解士杰　　　　　　　2017年6月
6. 黑洞系统的吸积与喷流　　　　　汪定雄　　　　　　　2018年1月
7. 固体等离子体理论及应用　　　　夏建白，宗易昕　　　2018年6月
8. 量子色动力学专题　　　　　　　黄　涛，王　伟 等　 2018年6月
9. 可积模型方法及其应用　　　　　杨文力 等　　　　　 2019年4月
10. 椭圆函数相关凝聚态物理
    模型与图表示　　　　　　　　石康杰，杨文力，李广良 2019年5月
11. 等离子体物理学基础　　　　　　陈　耀　　　　　　　2019年6月
12. 量子轨迹的功和热　　　　　　　柳　飞　　　　　　　2019年10月
13. 微纳磁电子学　　　　　　　　　夏建白，文宏玉　　　2020年3月
14. 广义相对论与引力规范理论　　　段一士　　　　　　　2020年6月
15. 二维半导体物理　　　　　　　　夏建白 等　　　　　 2022年9月
16. 中子星物理导论　　　　　　　　俞云伟　　　　　　　2022年11月
17. 宇宙大尺度结构简明讲义　　　　胡　彬　　　　　　　2022年12月
18. 宇宙学的物理基础　　　　　　　维亚切斯拉夫·穆哈诺夫，
    　　　　　　　　　　　　　　　皮　石　　　　　　　2023年9月
19. 非线性局域波及其应用　　　　　杨战营，赵立臣，
    　　　　　　　　　　　　　　　刘　冲，杨文力　　　2024年1月

20. 引力波物理学与天文学 　　理论、实验和数据分析的介绍	约利恩·D. E. 克赖顿， 沃伦·G. 安德森， 王炎	2024 年 3 月
21. 冷原子物理与低维量子气体	姚和朋，郭彦良	2024 年 3 月
22. 引力波物理——理论物理前沿讲座	蔡荣根，荆继良，王安忠， 王　斌，朱　涛	2024 年 6 月
23. 软物质生物分子物理基础	赵蕴杰	2025 年 2 月